# 工业机器人技术应用综合实训

## （工作页）


主　编　陈安武　王亮亮

副主编　朱道萌　刘　涛　陈　冬

参　编　高　赛　廉佳玲　黄贤振

　　　　刁秀珍　张艺潇

机械工业出版社

本书依据全国工业机器人技术应用技能大赛的技术要求、技术规范及操作流程，结合“1+X”工业机器人操作与运维的技术要求编写，主要内容包括：认识 DLDS-3717 工业机器人技术应用实训系统、工业机器人指尖陀螺工作站安装、四轴工业机器人基本操作应用、六轴工业机器人示教器操作、工业机器人周边设备编程与调试、指尖陀螺压装工作站调试与优化、礼品自动包装工作站调试与优化、工件打磨抛光工作站调试与优化。

本书可作为《工业机器人技术应用（信息页）》的配套用书，可供职业院校工业机器人相关专业的教师使用，也可供相关从业人员参加在职培训、就业培训、岗位培训时使用。

**图书在版编目（CIP）数据**

工业机器人技术应用综合实训：工作页/陈安武，王亮亮主编. —北京：机械工业出版社，2022.6

ISBN 978-7-111-71143-8

Ⅰ.①工… Ⅱ.①陈…②王… Ⅲ.①工业机器人 Ⅳ.①TP242.2

中国版本图书馆 CIP 数据核字（2022）第 113942 号

机械工业出版社（北京市百万庄大街 22 号 邮政编码 100037）
策划编辑：王振国 责任编辑：王振国
责任校对：肖 琳 王明欣 封面设计：严娅萍
责任印制：常天培
北京机工印刷厂有限公司印刷
2023 年 1 月第 1 版第 1 次印刷
184mm×260mm · 7.75 印张 · 184 千字
标准书号：ISBN 978-7-111-71143-8
定价：39.80 元

电话服务
客服电话：010-88361066
010-88379833
010-68326294

网络服务
机 工 官 网：www.cmpbook.com
机 工 官 博：weibo.com/cmp1952
金 书 网：www.golden-book.com
机工教育服务网：www.cmpedu.com

# 前 言

目前，工业机器人技术可以说是衡量一个国家创新能力和产业竞争力的重要标志，已经成为全球新一轮科技和产业革命的重要切入点。随着制造业人工成本的持续增加，工业机器人逐渐得到大量应用，但相应的机器人安装调试、操作维修、系统集成、营销及管理人员需求也大幅提升。据相关数据预计，2025 年中国机器人产业人才缺口预计将达到 450 万。未来几年我国机器人新增岗位需求人才缺口将越来越大，工业机器人相关领域的高技能人才的培养必将迎来一个高速发展的黄金时期。

自 2016 年工业和信息化部、人力资源和社会保障部、教育部等部委举办第一届全国工业机器人技术应用技能大赛以来，该技能大赛已成功举办多届，通过大赛选拔出了一批优秀的技术能手，在全国相关企业与职业院校内将学习工业机器人的“热潮”推向了顶峰，充分发挥了技能大赛“搭建竞赛平台，选拔技能人才；弘扬工匠精神，助力中国制造”的主旨。

为进一步扩大工业机器人技术应用技能大赛的影响力，发挥其在专业教学改革中的引领作用，促进相关院校积极进行专业建设和课程改革，培养更高质量的复合型高技能人才，增强大赛吸引力，山东栋梁科技设备有限公司作为大赛竞赛设备提供商之一，携手机械工业出版社，联合大赛专家、获奖选手，依据全国工业机器人技术应用技能大赛的技术要求、技术规范以及大赛操作流程，总结出完成大赛任务的一些实践和教学经验，同时结合“1+X”工业机器人操作与运维的技能要求及新职业工业机器人系统操作员与工业机器人系统运维员岗位需求共同编写了本系列教材。

本系列教材由贵州电子信息职业技术学院陈安武和山东栋梁科技设备有限公司王亮亮担任主编。教材采用活页形式，分为《工业机器人技术应用（信息页）》和《工业机器人技术应用综合实训（工作页）》两本。其中《工业机器人技术应用（信息页）》全面、系统地介绍了工业机器人应用中涉及的理论知识、项目案例；《工业机器人技术应用综合实训（工作页）》以工作任务为中心，按照工作任务开展的实际情况进行描述，是教师开展一体化教学的有效载体，可以快速地帮助学生构建结构完整的工作过程，实现有效学习，内容按照由浅入深分为八大工作项目和 37 个工作任务。为方便读者学习，本书提供配套视频资源和教学课件，读者可到机工官网“www. cmpbook. com”免费下载。

在本教材编写过程中，山东栋梁科技设备有限公司提供了大力支持，在此表示衷心的感谢。由于时间仓促，本书难免存在错误和不足之处，恳请读者批评指正。

编者

# 目　录


**前　言**

**项目 1　认识 DLDS-3717 工业机器人技术应用实训系统** ………… 1

任务 1　DLDS-3717 工业机器人硬件系统组成 ………… 1

任务 2　DLDS-3717 工业机器人控制系统组成 ………… 7

**项目 2　工业机器人指尖陀螺工作站安装** ………… 10

任务 1　工作站机械部分安装 ………… 10

任务 2　工作站气动部分安装 ………… 17

任务 3　工作站电气部分安装 ………… 23

**项目 3　四轴工业机器人基本操作应用** ………… 29

任务 1　四轴工业机器人示教器操作 ………… 29

任务 2　四轴工业机器人校对与调试 ………… 35

任务 3　四轴工业机器人现场编程与调试 ………… 38

任务 4　四轴工业机器人离线编程与调试 ………… 40

**项目 4　六轴工业机器人示教器操作** ………… 42

任务 1　认识示教器 ………… 42

任务 2　示教器点动操作 ………… 46

任务 3　坐标系管理 ………… 49

任务 4　机器人系统配置 ………… 52

任务 5　机器人零点恢复 ………… 54

任务 6　机器人轨迹运动 ………… 56

**项目 5　工业机器人周边设备编程与调试** ………… 58

任务 1　PLC 控制四轴机器人 ………… 58

任务 2　PLC 控制转盘 ………… 63

任务 3　PLC 与六轴机器人通信 ………… 66

任务 4　PLC 控制六轴机器人 ………… 68

任务 5　PLC 控制自动引导车 ………… 71

任务 6　基于视觉的四轴机器人上料 ………… 75

**项目 6　指尖陀螺压装工作站调试与优化** ………… 81

任务 1　自动引导车调试 ………… 81

任务 2　视觉相机调试 ………… 84

任务 3　四轴工业机器人调试 ………… 86

任务 4　转盘调试 ………… 88

任务 5　六轴工业机器人调试 ………… 90

任务 6 工作站优化 …… 92
项目 7 礼品自动包装工作站调试与优化 …… 94
任务 1 自动引导车调试 …… 94
任务 2 视觉相机调试 …… 97
任务 3 四轴机器人调试 …… 100
任务 4 转盘调试 …… 102
任务 5 六轴机器人调试 …… 104
任务 6 工作站优化 …… 106
项目 8 工件打磨抛光工作站调试与优化 …… 109
任务 1 自动引导车调试 …… 109
任务 2 视觉相机调试 …… 112
任务 3 四轴机器人调试 …… 114
任务 4 六轴机器人调试 …… 115

# 项目 1

# 认识 DLDS-3717 工业机器人技术应用实训系统

## 任务 1　DLDS-3717 工业机器人硬件系统组成

### 情景描述

某公司有一台工业机器人工作站，能够在指尖陀螺压装、数字键盘全自动装配、双机器人协同的无线鼠标装配、工件全自动打磨、礼品自动包装、多品种物料转运及码垛和书签全自动分拣 7 个不同任务之间实现切换。作为公司的一名调试工程师，需要熟悉该工作站硬件系统的各个模块。

### 任务目标

1. 认识工业机器人工作站各个模块。
2. 熟悉工业机器人工作站各个模块的结构和功能。
3. 提升自身的职业素养。

### 任务准备

1. 工作服、安全鞋和安全帽。
2. 手机一部。

### 任务实施

1. 请准确写出 1 号（见图 1-1）和 2 号（见图 1-2）操作平台中各部分的名称。
2. 请准确写出表 1-1 中各模块的名称和需求数量。

表 1-1　DLDS-3717 工业机器人工作站硬件系统组成

| 图示 |  | 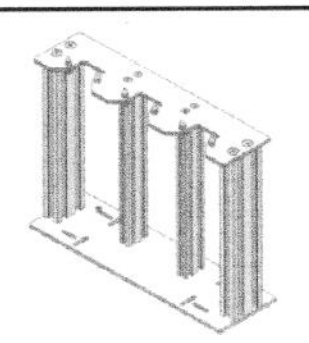 | 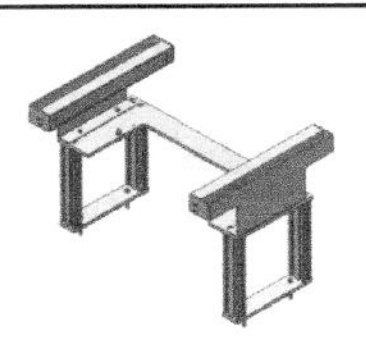 | 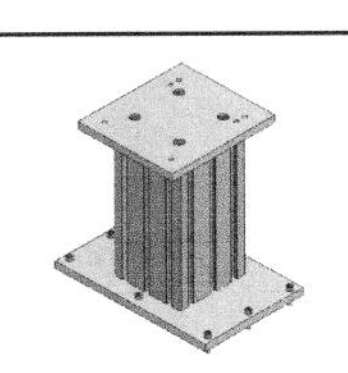 |
|---|---|---|---|---|

（续）

| 模块名称 | | | | |
|---|---|---|---|---|
| 数量 | | | | |
| 图示 | | | | |
| 模块名称 | | | | |
| 数量 | | | | |
| 图示 | | | | |
| 模块名称 | | | | |
| 数量 | | | | |
| 图示 | | | | |
| 模块名称 | | | | |
| 数量 | | | | |

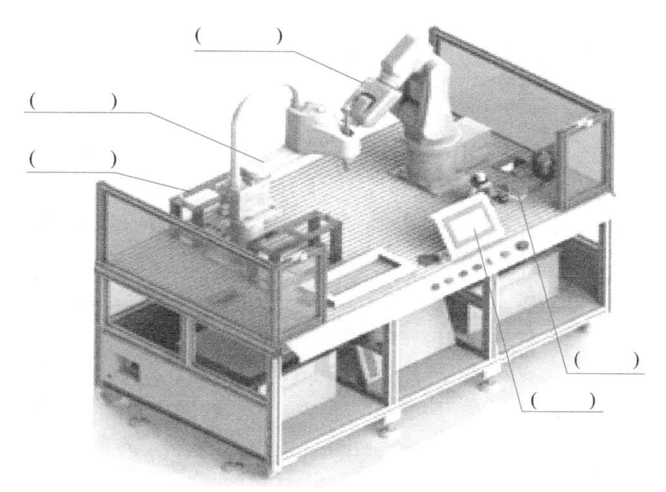

图 1-1　1 号操作平台

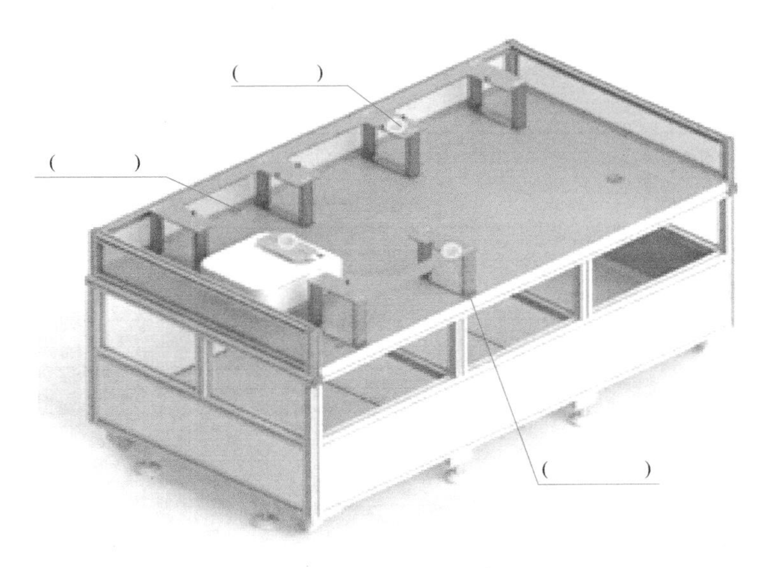

图 1-2　2 号操作平台

3. 请从货架上找到上表中的所有模块，按照 7S 的要求摆放这些模块，并贴上标签，如果模块已经安装到工作台上，指出来即可。

4. 请上网查询和下载海康威视 MV-CA032-10GC 型工业相机的相关资料，如技术规格书、用户手册、图样等，阅读资料后完成如下内容：

名称：________________________传感器类型：________________________

分辨率：________________________快门模式：________________________

数据接口：________________________镜头接口：________________________

供电：________________________工作温度：________________________

5. 请在老师的指导下对模块的损坏部位进行维修，并填写设备维修记录。

## 评价改进

| 检查标准 | 分值 | 评价得分 | 整改得分 |
|---|---|---|---|
| 模块名称正确 | 6分 | | |
| 模块数量正确 | 6分 | | |
| 模块摆放在指定位置，无杂乱现象 | 6分 | | |
| 模块摆放整齐，美观 | 6分 | | |
| 模块标识清晰，美观 | 6分 | | |
| 货架干净整洁 | 4分 | | |
| 工作台干净整洁 | 4分 | | |
| 装配桌干净整洁 | 4分 | | |
| 电脑桌干净整洁 | 4分 | | |
| 设备检查认真细致 | 3分 | | |
| 设备损坏描述清楚、准确 | 3分 | | |
| 插拔气管时，关闭气源，并泄压 | 4分 | | |
| 减压阀调整正确 | 4分 | | |
| 接受检查时礼貌大方 | 10分 | | |
| 上课时精力充沛，做任务积极主动 | 10分 | | |
| 上课 7S 5min | 10分 | | |
| 下课 7S 5min | 10分 | | |
| 合计 | 100分 | | |

## 拓展训练

1. 请从货架上找到表1-2中的指尖陀螺压装工作站的所有模块，按照7S要求摆放这些模块，并贴上标签。

表1-2　模块名称和数量

| 图示 | | | |
|---|---|---|---|
| 模块名称 | | | |
| 数量 | | | |

（续）

| 图示 | | | |
|---|---|---|---|
| 模块名称 | | | |
| 数量 | | | |

2. 请从货架上找到表 1-3 中数字键盘全自动装配生产线工作站的所有模块，按照 7S 的要求摆放这些模块，并贴上标签。

表 1-3 数字键盘全自动装配生产线工作站的组成模块

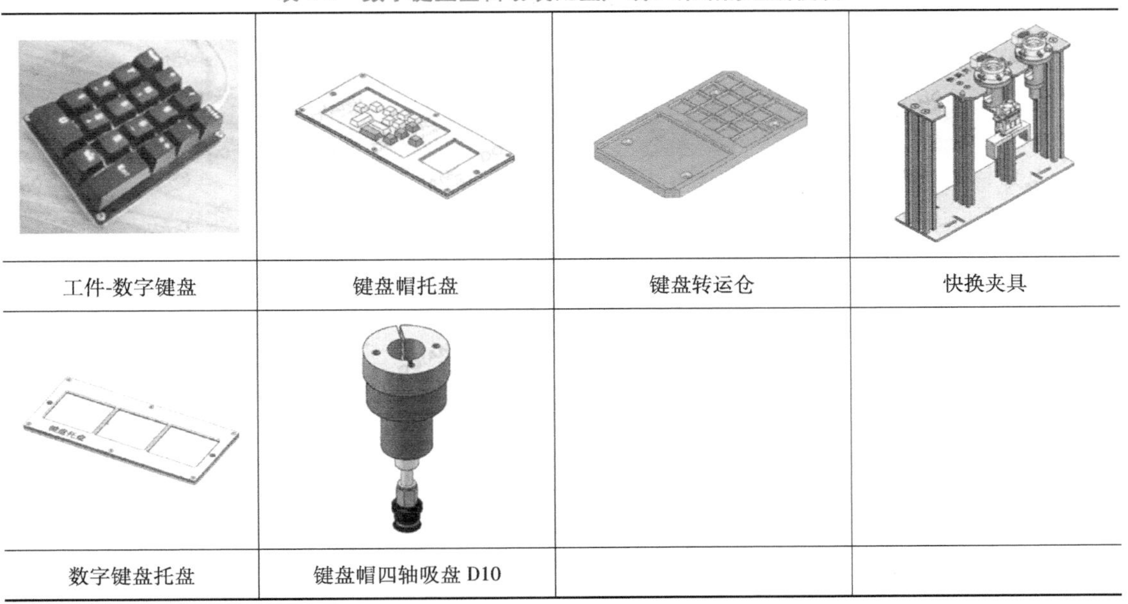

| | | | |
|---|---|---|---|
| 工件-数字键盘 | 键盘帽托盘 | 键盘转运仓 | 快换夹具 |
| 数字键盘托盘 | 键盘帽四轴吸盘 D10 | | |

3. 请从货架上找到表 1-4 中工件全自动打磨工作站的所有模块，按照 7S 的要求摆放这些模块，并贴上标签。

表 1-4 工件全自动打磨工作站的组成模块

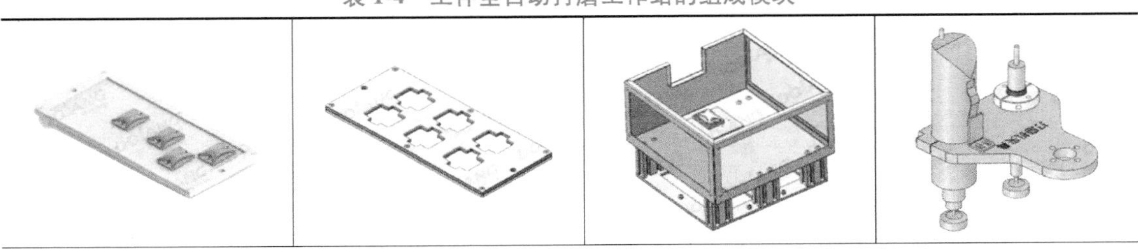

（续）

| 原料托盘 A | 打磨件成品托盘 | 打磨抛光平台 | 打磨模块 |
| --- | --- | --- | --- |
|  |  |  |  |
| 打磨件夹具 |  |  |  |

4. 请从货架上找到表 1-5 中多品种物料转运及码垛工作站的所有模块，按照 7S 的要求摆放这些模块，并贴上标签。

表 1-5　多品种物料转运及码垛工作站的组成模块

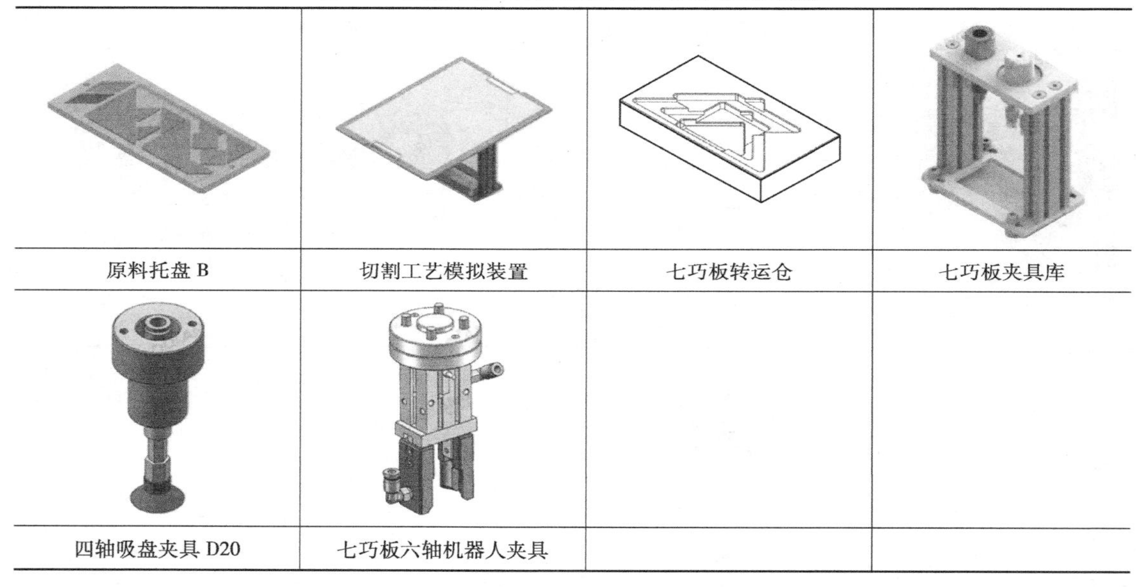

|  |  |  |  |
| --- | --- | --- | --- |
| 原料托盘 B | 切割工艺模拟装置 | 七巧板转运仓 | 七巧板夹具库 |
|  |  |  |  |
| 四轴吸盘夹具 D20 | 七巧板六轴机器人夹具 |  |  |

# 任务 2 DLDS-3717 工业机器人控制系统组成

## 情景描述

某公司有一台工业机器人工作站，能够在指尖陀螺压装、数字键盘全自动装配、双机器人协同的无线鼠标装配、工件全自动打磨、礼品自动包装、多品种物料转运及码垛和书签全自动分拣 7 个不同任务之间实现切换，你作为公司的一名调试工程师，需要熟悉这个工作站控制系统的各个模块。

## 任务目标

1. 了解 DLDS-3717 工业机器人中各个模块在控制系统中所处的位置。
2. 提升学生自身的职业素养。

## 任务准备

工作服、安全鞋和安全帽。

## 任务实施

1. 请准确填写 DLDS-3717 工业机器人工作站主要控制设备的信息，见表 1-6。

表 1-6 DLDS-3717 工业机器人工作站主要控制设备

| 序号 | 名称 | 规格型号 | 序号 | 名称 | 规格型号 |
|---|---|---|---|---|---|
| 1 | PLC | | 4 | AGV | |
| 2 | 触摸屏 | | 5 | 六轴机器人 | |
| 3 | 视觉系统 | | 6 | 四轴机器人 | |

2. 转盘使用的伺服电动机及其驱动器是什么型号？其与 PLC 之间采用什么通信方式？是如何接线的？

3. 根据通过网络通信进行信息交互的设备连通情况，绘制控制系统通信拓扑结构（见图 1-3）。根据表 1-7 完成 IP 地址分配。

表 1-7 工业机器人工作站 IP 地址分配

| 序号 | 名称 | IP 地址 | 序号 | 名称 | IP 地址 |
|---|---|---|---|---|---|
| 1 | PLC | 192. 168. 1. 18 | 4 | 六轴机器人 | 192. 168. 1. 12 |
| 2 | 触摸屏 | 192. 168. 1. 60 | 5 | 四轴机器人 | 192. 168. 1. 11 |
| 3 | 视觉系统 | 192. 168. 1. 180 | 6 | 编程计算机 | 192. 168. 1. 200 |

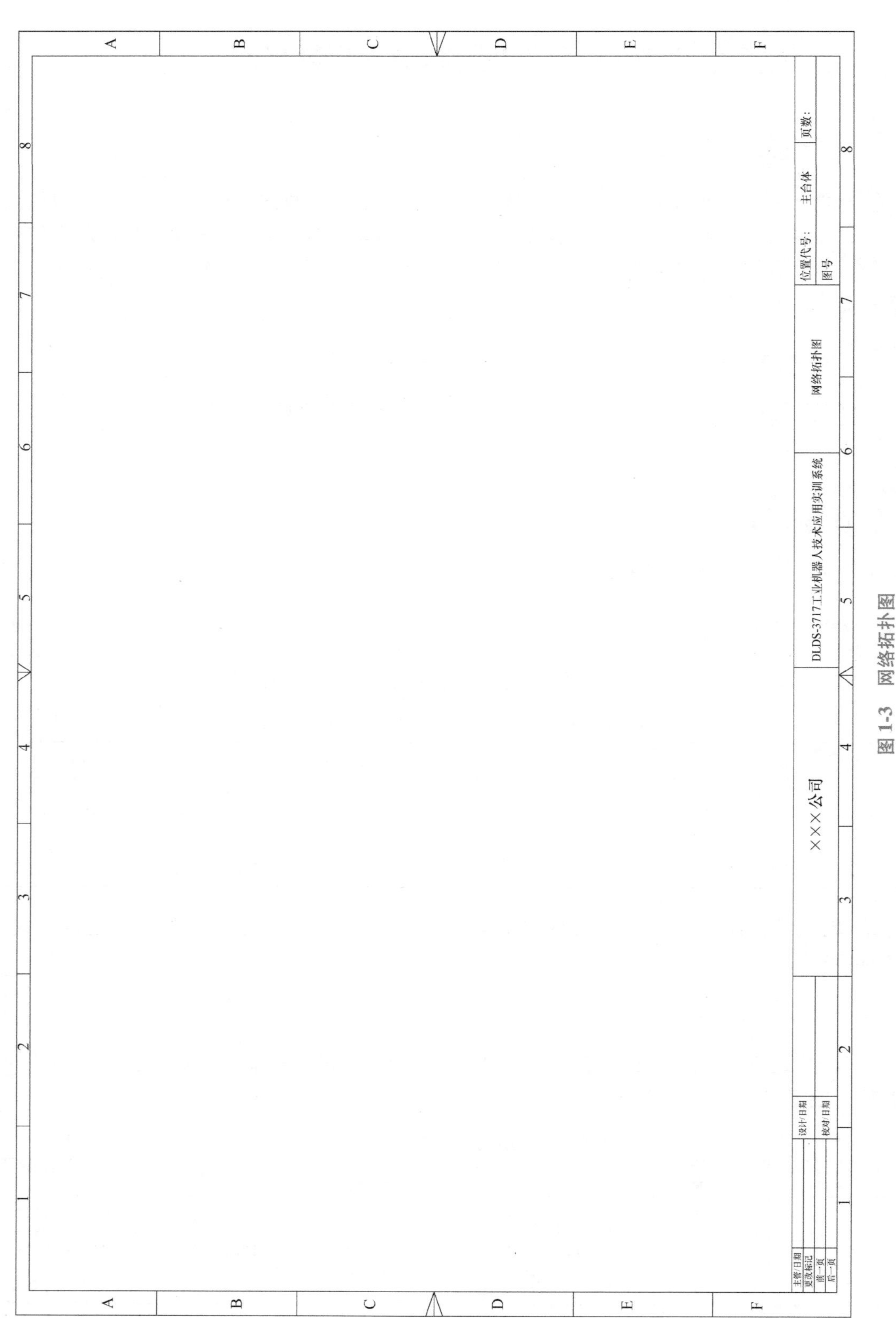
×××公司
DLDS-3717工业机器人技术应用实训系统
网络拓扑图
位置代号:
主台体
页数:
图号
设计/日期
校对/日期
主管/日期
更改标记
前一页
后一页

图 1-3　网络拓扑图

## 评价改进

| 检查标准 | 分值 | 评价得分 | 整改得分 |
|---|---|---|---|
| 设备信息填写正确 | 6 分 | | |
| 关于伺服电动机的问题回答正确 | 6 分 | | |
| 网络拓扑图绘制正确 | 6 分 | | |
| 模块摆放整齐，美观 | 6 分 | | |
| 模块标识清晰，美观 | 6 分 | | |
| 货架干净整洁 | 4 分 | | |
| 工作台干净整洁 | 4 分 | | |
| 装配桌干净整洁 | 4 分 | | |
| 电脑桌干净整洁 | 4 分 | | |
| 设备检查认真细致 | 3 分 | | |
| 设备损坏描述清楚、准确 | 3 分 | | |
| 插拔气管时，关闭气源，并泄压 | 4 分 | | |
| 减压阀调整正确 | 4 分 | | |
| 接受检查时礼貌大方 | 10 分 | | |
| 上课时精力充沛，做任务积极主动 | 10 分 | | |
| 上课 7S 5min | 10 分 | | |
| 下课 7S 5min | 10 分 | | |
| 合计 | 100 分 | | |

## 拓展训练

查阅有关资料，掌握“Ping”命令的使用方法。

# 项目 2

# 工业机器人指尖陀螺工作站安装

## 任务 1　工作站机械部分安装

### 情景描述

公司即将转产指尖陀螺（见图 2-1），现有多台 DLDS-3717 工业机器人工作站需要改装成指尖陀螺压装工作站。你作为设备安装技术人员，需要按照图样及技术要求完成工业机器人工作站的机械安装工作。

图 2-1　指尖陀螺

### 任务目标

1. 能够读懂机械安装图样。
2. 熟练使用内六角扳手和活扳手。
3. 熟练使用长度测量工具。
4. 提升自身的职业素养。

### 任务准备

1. 工作服、安全鞋和安全帽。
2. 内六角扳手、活扳手、金属直尺、螺钉旋具及其他工具。

## 任务实施

1. 工具使用

根据内六角圆柱头螺钉的规格选择合适的内六角扳手，填写表 2-1。

表 2-1　选择合适的内六角扳手

| 序号 | 螺钉规格 | 内六角扳手规格/mm |
|---|---|---|
| 1 | M3×10 | |
| 2 | M4×12 | |
| 3 | M5×12 | |
| 4 | M6×16 | |
| 5 | M6×20 | |
| 6 | M10×10 | |
| 7 | M10×20 | |

2. 机械模块的安装与尺寸调整

按照陀螺压装机械装配图（见图 2-2）及陀螺压装机械装配工艺过程卡片，严格执行图样标准和工艺要求，根据图样标注尺寸定位各机械模块（见表 2-2），选择合适的紧固件将其安装紧固在平台。陀螺压装机械装配工艺过程卡片见表 2-3。

表 2-2　陀螺压装需安装或调整尺寸的机械模块

| 序号 | 名称 | 图示 | 数量 |
|---|---|---|---|
| 1 | 六轴工业机器人 | | 1 套 |
| 2 | 四轴工业机器人 | | 1 套 |
| 3 | 四轴机器人底座 A | | 1 个 |

（续）

| 序号 | 名称 | 图示 | 数量 |
| --- | --- | --- | --- |
| 4 | 转盘底座 |   | 1套 |
| 5 | 陀螺转运仓 | 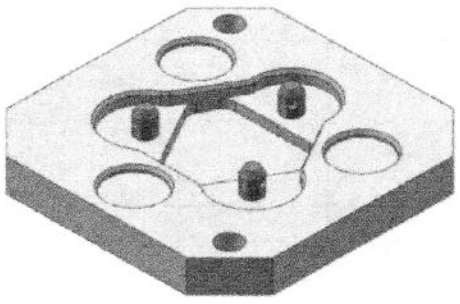  | 2个 |
| 6 | 冲压模块 | 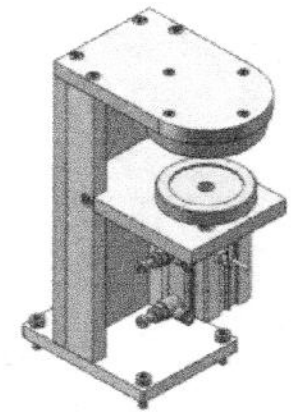  | 1套 |
| 7 | 托盘支架 |   | 1套 |
| 8 | 陀螺夹具 |   | 2套 |
| 9 | 触摸屏 |   | 1套 |
| 10 | 气源处理 | 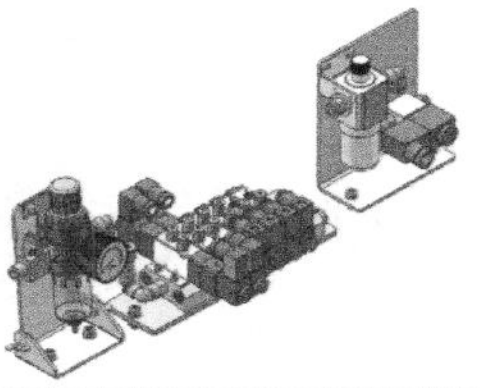  | 1套 |

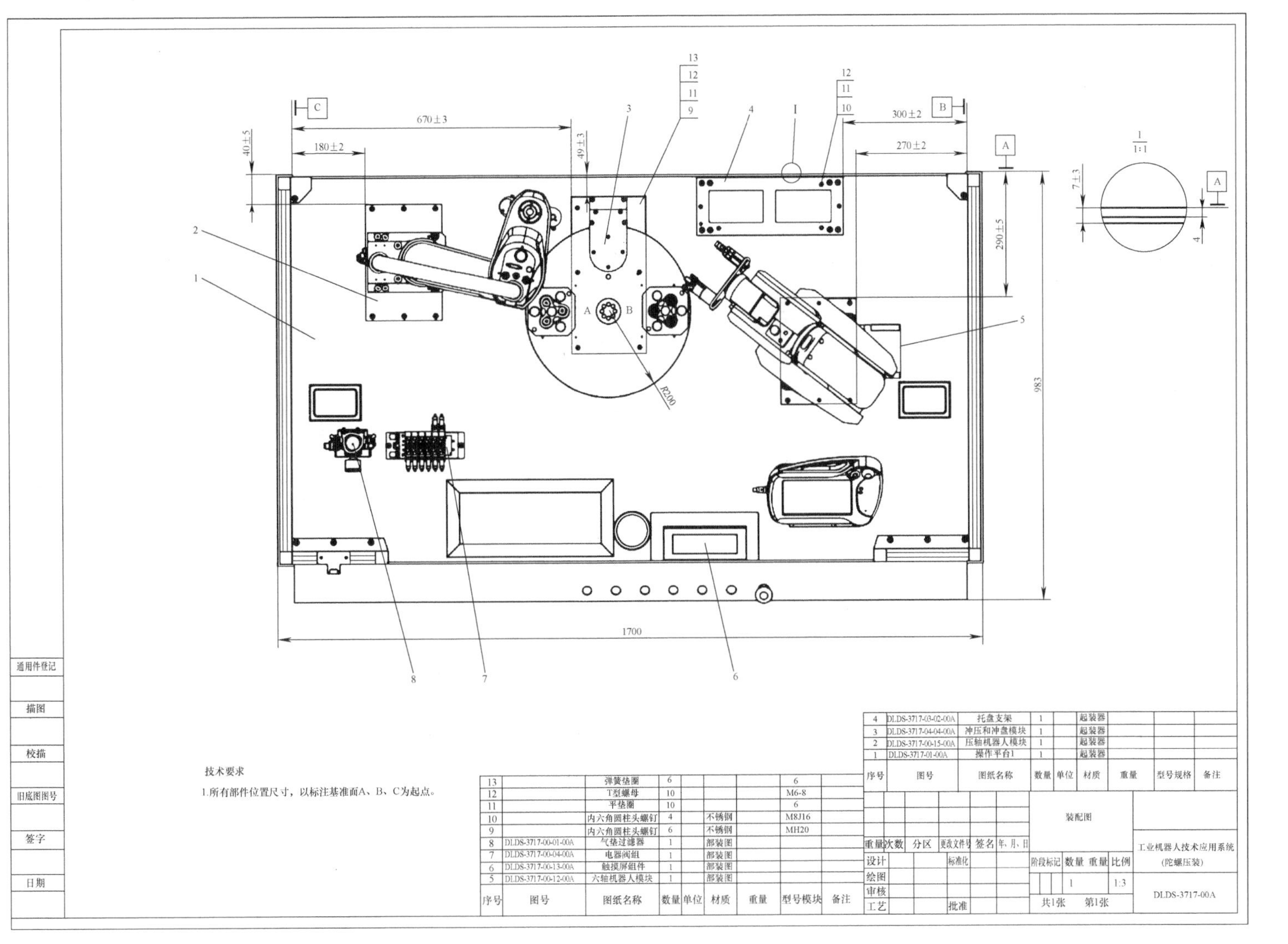

图 2-2　陀螺压装机械装配图

表 2-3　陀螺压装机械装配工艺过程卡片

| 机械装配工艺过程卡片 | | | DLDS-3717 | | |
|---|---|---|---|---|---|
| | | | 指尖陀螺压装工作站 | | |
| 工序号 | 工序名称 | 工序内容 | 参考图片 | 使用工具 | 工艺流程确认 |
| 1 | 准备 | 装配前的准备工作（着装及劳动保护） | | | |
| | | 仔细阅读图样，读懂技术要求 | | | |
| | | 准备齐全有关工具及耗材 | | | |
| 2 | 装配六轴工业机器人 | 根据图样，选择合适基准定位六轴工业机器人底座，紧固螺钉 | 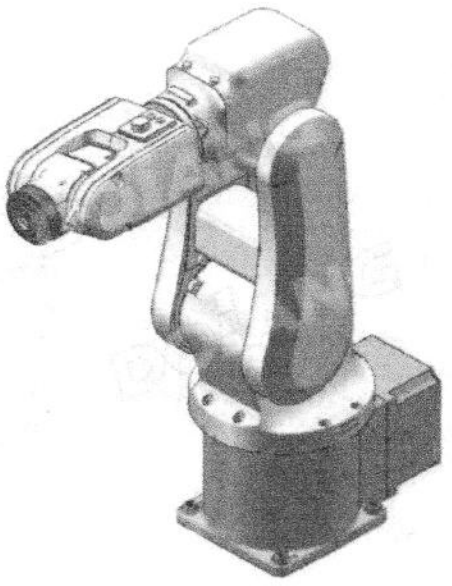 | 钢直尺、内六角扳手 | |
| 3 | 四轴机器人底座 A | 根据图样，选用内六角圆柱头螺钉 M6×16、T 型螺母 M6～M8，并加平垫圈、弹簧垫圈，选择合适基准定位四轴机器人底座 A（注：铭牌侧靠近台体前侧），紧固螺钉 | 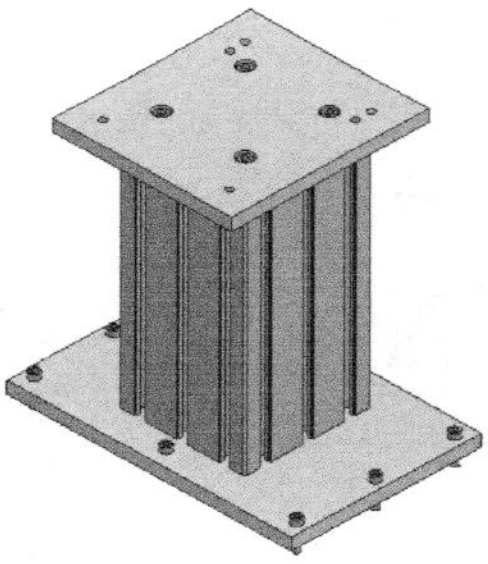 | 钢直尺、内六角扳手 | |
| 4 | 装配四轴工业机器人 | 根据图样，选用内六角圆柱头螺钉，并加平垫圈、弹簧垫圈，将四轴机器人固定在四轴机器人底座 A 上 | 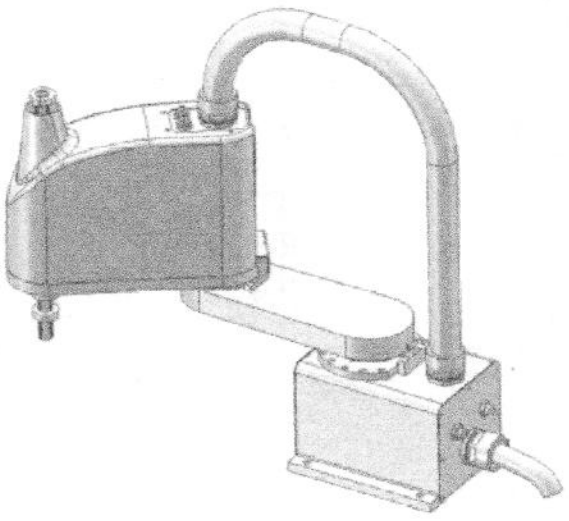 | 内六角扳手 | |
| 5 | 装配转盘底座 | 根据图样，选用内六角圆柱头螺钉 M6×20、T 型螺母 M6～M8，并加平垫圈、弹簧垫圈，选择合适基准定位转盘底座（注：伺服电动机出线靠近台体前侧），紧固螺钉 |  | 钢直尺、内六角扳手 | |

（续）

| 机械装配工艺过程卡片 | | | DLDS-3717<br>指尖陀螺压装工作站 | | |
|---|---|---|---|---|---|
| 工序号 | 工序名称 | 工序内容 | 参考图片 | 使用工具 | 工艺流程确认 |
| 6 | 装配陀螺转运仓 | 根据图样，将陀螺转运仓安装到转盘上，安装上4个定位销，并使其能够上下活动 | 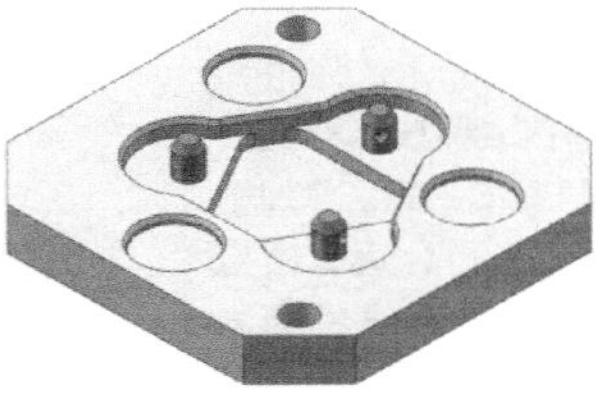 | 内六角扳手 | |
| 7 | 装配冲压模块 | 根据图样，选用内六角圆柱头螺钉M6×16，并加平垫圈、弹簧垫圈，紧固螺钉 | 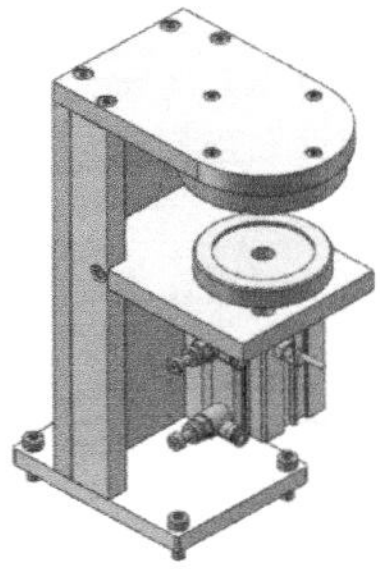 | 内六角扳手 | |
| 8 | 装配托盘支架 | 根据图样，选用内六角圆柱头螺钉M6×16、T型螺母M6~M8，并加平垫圈，选择合适基准定位料盘底板，紧固螺钉 |  | 钢直尺、内六角扳手 | |
| 9 | 装配陀螺夹具 | 根据图样，将陀螺夹具安装在四轴机器人末端；选用内六角圆柱头螺钉M6×10，将陀螺夹具安装在六轴机器人末端法兰上 |  | 内六角扳手 | |
| 10 | 装配触摸屏 | 将触摸屏安装到相应位置 |  | 十字形螺钉旋具 | |

（续）

| 机械装配工艺过程卡片 | | | DLDS-3717 | | |
|---|---|---|---|---|---|
| | | | 指尖陀螺压装工作站 | | |
| 工序号 | 工序名称 | 工序内容 | 参考图片 | 使用工具 | 工艺流程确认 |
| 11 | 装配气源处理模块 | 根据图样，选用内六角圆柱头螺钉 M6×16、T 型螺母 M6~M8，并加平垫圈，选择合适基准定位电磁阀模块，紧固螺钉 | | 钢直尺、内六角扳手 | |
| 12 | 清理 | 清理基板台面及各部件底面，确保装配后设备运行稳定可靠 | | | |
| | | 整理工量具、紧固件等，保持工作现场整洁 | | | |

## 评价改进

| 检查标准 | 分值 | 评价得分 | 整改得分 |
|---|---|---|---|
| 尺寸正确，一处不符合要求扣 1.5 分 | 6 分 | | |
| 部件装配方向正确，部件装配错误一处扣 2 分 | 6 分 | | |
| 螺钉紧固，一处螺钉不紧固或 T 型螺母未旋转至 90°，扣 1 分，扣完为止 | 6 分 | | |
| 螺钉及弹簧垫、平垫选择正确，未按照配图样安装一处扣 1 分，扣完为止 | 6 分 | | |
| 工艺流程确认 | 6 分 | | |
| 货架干净整洁 | 4 分 | | |
| 工作台干净整洁 | 4 分 | | |
| 装配桌干净整洁 | 4 分 | | |
| 电脑桌干净整洁 | 4 分 | | |
| 设备检查认真细致 | 3 分 | | |
| 设备损坏描述清楚、准确 | 3 分 | | |
| 插拔气管时，关闭气源，并泄压 | 4 分 | | |
| 减压阀调整正确 | 4 分 | | |
| 接受检查时礼貌大方 | 10 分 | | |
| 上课时，精力充沛，做任务积极主动 | 10 分 | | |
| 上课 7S 5min | 10 分 | | |
| 下课 7S 5min | 10 分 | | |
| 合计 | 100 分 | | |

# 任务2 工作站气动部分安装

## 情景描述

某公司即将转产指尖陀螺，现有多台 DLDS-3717 工作站需要改装成指尖陀螺压装工作站。你作为一名设备安装工人，需要按照图样及技术要求完成工业机器人工作站气动部分的安装工作。

## 任务目标

1. 能够读懂气动原理图。
2. 会使用工具和量具完成气路安装。
3. 提升自身的职业素养。

## 任务准备

1. 工作服、安全鞋、安全帽。
2. 水口钳、气管剪、内六角扳手、螺钉旋具及其他工具。

## 任务实施

1. 气路识图

识读指尖陀螺压装任务气动原理图（见图 2-3），完成填空。

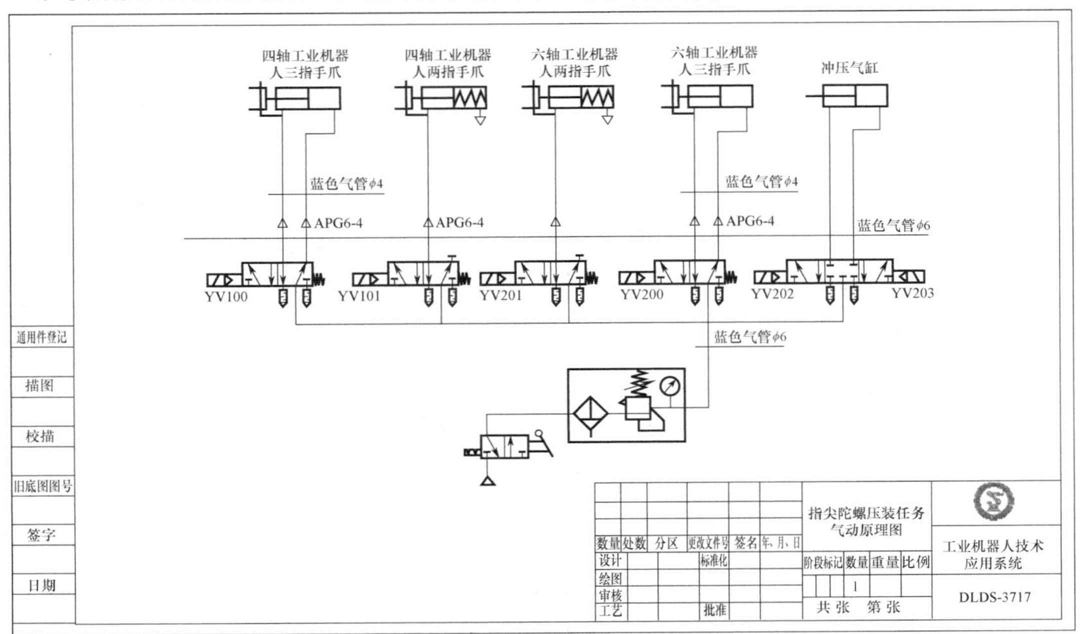


图 2-3 指尖陀螺压装任务气动原理图

（1）根据陀螺压装气动原理图，气路安装需要用到 2 种蓝色气管，其型号分别是____和____。

（2）不同型号的气管之间连接需要用到大小头，其型号为____，总共需要____个。

（3）图中电磁阀 YV100、YV101、YV201、YV200 为____位____通电磁阀。

（4）冲压气缸与电磁阀 YV202 之间使用的蓝色气管是________。

2. 气路安装

根据陀螺压装气动原理图和陀螺压装气路安装工艺过程卡片完成电路安装。搭建完成后将工作气压调整到（0.5±0.05）MPa，并检查气路的完整性和准确性。安装过程必须按照技术规范操作（见表 2-4），做到工艺标准，凸显工匠文化，保持平台以及周围环境卫生。陀螺压装气路安装工艺过程卡片见表 2-5。

表 2-4　气路安装技术规范

| 序号 | 技术规范 | 正确 | 错误 |
|---|---|---|---|
| 1 | 型材板上的电缆和气管必须分开绑扎 |  |  |
| 2 | 扎带切割后剩余长度不要大于 1mm，以免伤人 |  |  |
| 3 | 扎带的间距不大于 50mm |  |  |
| 4 | 线缆托架的间距不大于 120mm |  | 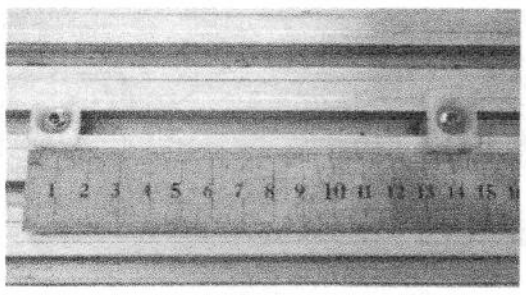 |
| 5 | 第 1 根扎带离阀岛气管接头连接处的最短距离为 60mm ±5mm |  | 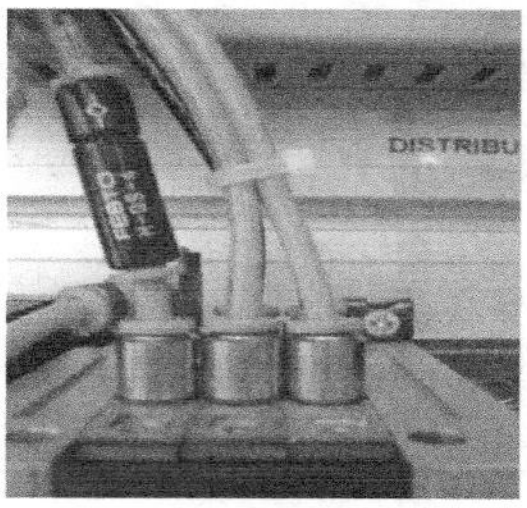 |

（续）

| 序号 | 技术规范 | 正确 | 错误 |
| --- | --- | --- | --- |
| 6 | 不得因为气管折弯、扎带太紧等原因造成气流受阻 | — | 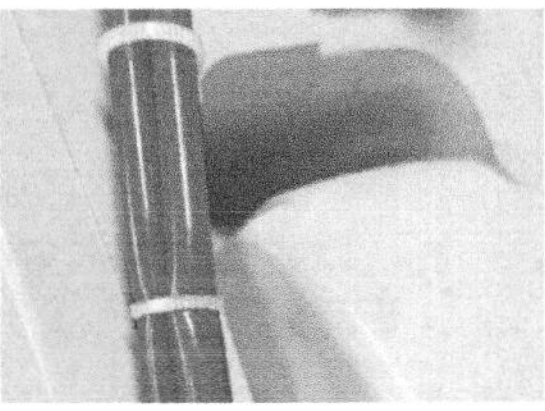 |
| 7 | 气管必须要用白色扎带绑扎 | 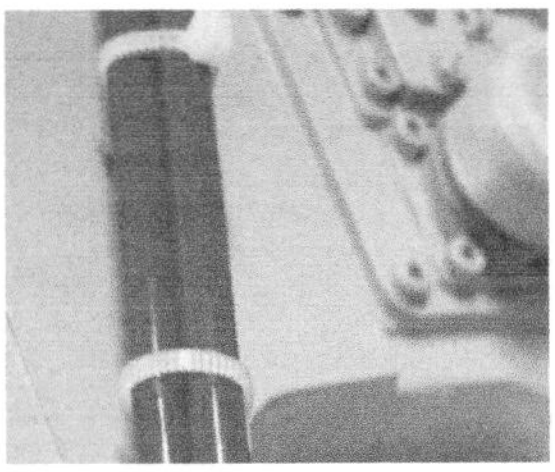 | 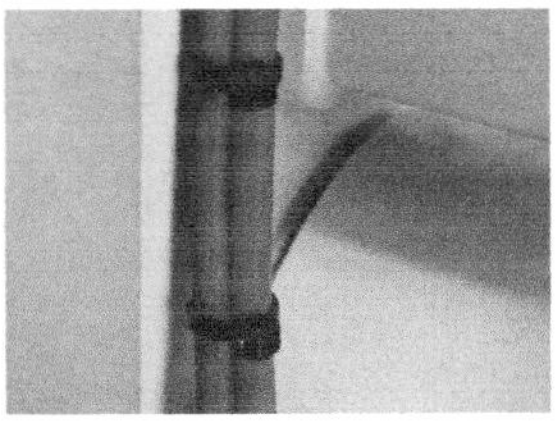 |
| 8 | 气管不得从线槽中穿过（气管不可放入线槽内） | 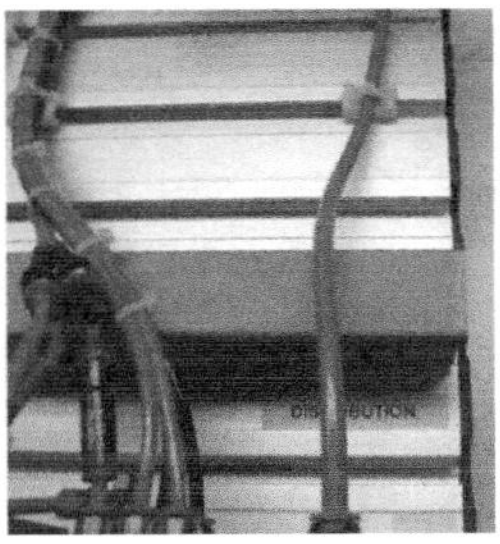 | 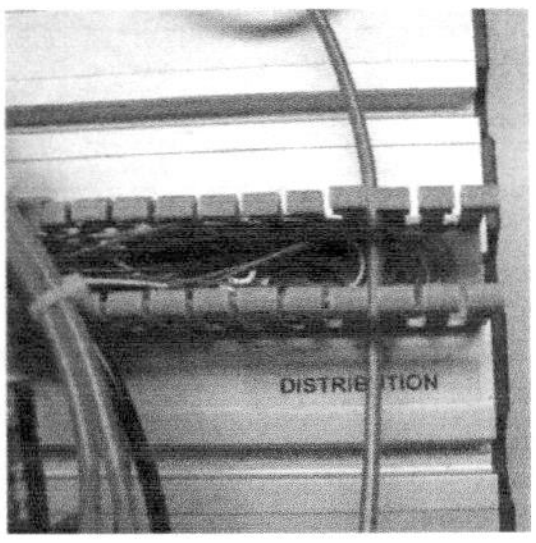 |
| 9 | 所有的气动连接处不得发生泄漏 | — | — |
| 10 | 插拔气管必须在泄压情况下进行 |  | — |
| 11 | 工作站上（包括线槽里面）不得有垃圾、下脚料或其他碎屑，不得使用压缩空气来清理工作站 | — | — |
| 12 | 工具不得遗留到站上或工作区域地面上 | — | 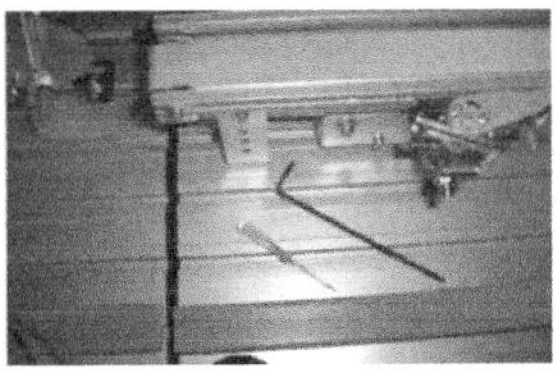 |

（续）

| 序号 | 技术规范 | 正确 | 错误 |
| --- | --- | --- | --- |
| 13 | 工作站上不得留有未使用的零部件和工件 | — | |
| 14 | 工作站、周围区域以及工作站下方应干净整洁（用扫帚打扫干净） | — | — |

表 2-5　陀螺压装气路安装工艺过程卡片

| 气路安装工艺过程卡片 | | | DLDS-3717 | | |
| --- | --- | --- | --- | --- | --- |
| | | | 指尖陀螺压装工作站 | | |
| 工序号 | 工序名称 | 工序内容 | 参考图片 | 使用工具 | 工艺流程确认 |
| 1 | 准备 | 装配前的准备工作（着装及劳动保护） | | | |
| | | 仔细阅读图样，读懂技术要求 | | | |
| | | 准备齐全有关工具及耗材 | | | |
| 2 | 剪切气管 | 根据气动原理图和所安装模块的位置，剪切足够尺寸的气管，并做好标记 | | 气管剪 | |
| 3 | 安装固定座 | 基板上安装扎带固定座，每个固定座的距离为 100～120mm，在转角处必须安装扎带固定座转弯半径为 50～100mm | | 内六角扳手 | |
| 4 | 绑扎气管 | 梳理气管，使用白色扎带绑扎到基板上的固定座上，扎带间距不大于 50mm，且均匀一致，气管不得绑扎太紧，影响气流。切割扎带后，剩余长度不大于 1mm | | 水口钳 | |

（续）

| 气路安装工艺过程卡片 | | | DLDS-3717<br>指尖陀螺压装工作站 | | |
|---|---|---|---|---|---|
| 工序号 | 工序名称 | 工序内容 | 参考图片 | 使用工具 | 工艺流程确认 |
| 5 | 安装气管 | 根据标记，将气管插到对应快插接头上。要求牢固可靠，不得漏气。第1根扎带离电磁阀模块气管接头连接处的最短距离为60mm±5mm | | 气管剪 | |
| 6 | 气源调整 | 打开气源，将气源压力调整到0.5MPa±0.05MPa | | | |
| 7 | 气路测试 | 使用电磁阀的手动杆测试气路是否安装正确，是否漏气等，发现问题进行调整 | | 螺钉旋具 | |
| 8 | 清理 | 清理基板台面及各部件底面，确保装配后设备运行稳定可靠 | | | |
| | | 整理工量具、紧固件等，保持工作现场整洁 | | | |

## 评价改进

| 检查标准 | 分值 | 评价得分 | 整改得分 |
|---|---|---|---|
| 气路连接正确，不漏气 | 6分 | | |
| 1）不得因为气管折弯、扎带太紧等原因造成气流受阻，一处受阻扣0.5分，扣完为止<br>2）扎带间距均匀，大于60mm或小于40mm的，一处扣0.5分<br>3）扎带绑扎牢固，切割后剩余长度小于1mm，1处不合格，扣0.5分<br>4）第1根扎带离电磁阀模块气管接头连接处的最短距离小于55mm或大于65mm的一处扣1分 | 10分 | | |
| 扎带固定座安装尺寸未按规定（每个固定座的距离为100~120mm，在转角处两端必须安装扎带固定座，且两端对称）的一处扣1分，扣完为止 | 6分 | | |
| 工作气压调整到0.5MPa±0.05MPa | 2分 | | |
| 工艺卡片确认 | 6分 | | |
| 货架干净整洁 | 4分 | | |
| 工作台干净整洁 | 4分 | | |
| 装配桌干净整洁 | 4分 | | |

（续）

| 检查标准 | 分值 | 评价得分 | 整改得分 |
|---|---|---|---|
| 电脑桌干净整洁 | 4 分 | | |
| 设备检查认真细致 | 3 分 | | |
| 设备损坏描述清楚、准确 | 3 分 | | |
| 插拔气管时，关闭气源，并泄压 | 4 分 | | |
| 减压阀调整正确 | 4 分 | | |
| 接受检查时礼貌大方 | 10 分 | | |
| 上课时精力充沛，做任务积极主动 | 10 分 | | |
| 上课 7S 5min | 10 分 | | |
| 下课 7S 5min | 10 分 | | |
| 合计 | 100 分 | | |

## 拓展训练

键盘装配平台气路安装

根据键盘装配气动原理图和键盘装配气路安装工艺过程卡片完成气动回路搭建。搭建完成后将工作气压调整到 0.5MPa，并手动检查气路的完整性和准确性。安装过程必须按照技术规范操作（见表 2-4），做到工艺标准，突显工匠文化，保持平台以及周围环境卫生。

说明：键盘装配气路安装工艺过程卡片与陀螺压装气路安装工艺过程卡片内容完全相同。

# 任务3 工作站电气部分安装

## 情景描述

某公司即将转产指尖陀螺，现有多台 DLDS-3717 工作站需要改装成指尖陀螺压装工作站。你作为一名设备安装工人，需要按照图样及技术要求完成工业机器人工作站电气部分的安装工作。

## 任务目标

1. 能够读懂电气图样。
2. 会使用工具和量具完成气路安装。
3. 提升自身的职业素养。

## 任务准备

1. 工作服、安全鞋、安全帽。
2. 剥线钳、压线钳、水口钳、内六角扳手、螺钉旋具、万用表及其他工具。

## 任务实施

根据陀螺压装电气原理图和陀螺压装电气安装工艺过程卡片完成电气部分的安装。安装过程必须按照电气安装技术规范（表 2-6）操作，做到工艺标准，凸显工匠精神，保持平台以及周围环境卫生。陀螺压装电气安装工艺过程卡片见表 2-7。

表 2-6 电气安装技术规范

| 序号 | 技术规范 | 正确 | 错误 |
|---|---|---|---|
| 1 | 冷压端子处不能看到外露的裸线 |  | 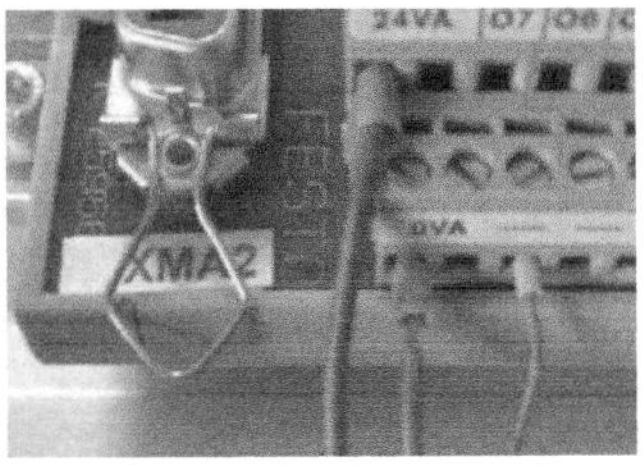 |
| 2 | 将冷压端子插到终端模块中 | 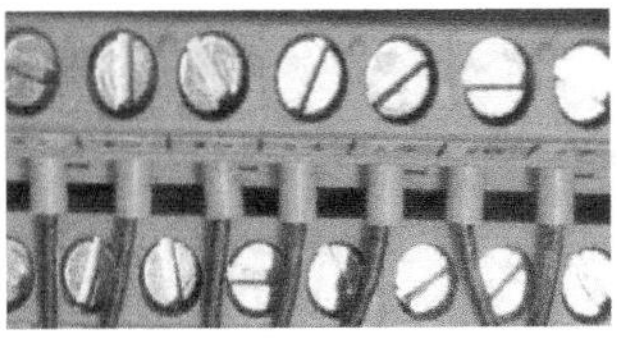 | 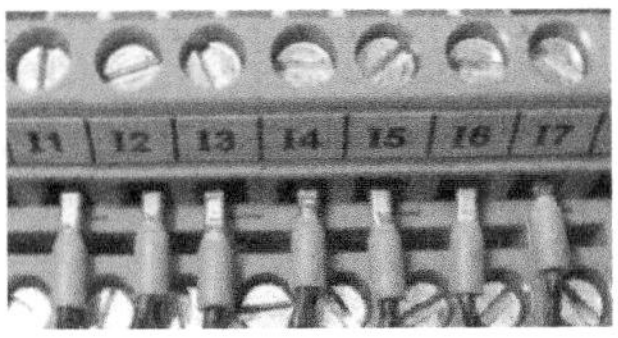 |

（续）

| 序号 | 技术规范 | 正确 | 错误 |
| --- | --- | --- | --- |
| 3 | 所有螺钉终端处接入的线缆必须使用正确尺寸的绝缘冷压端子 | 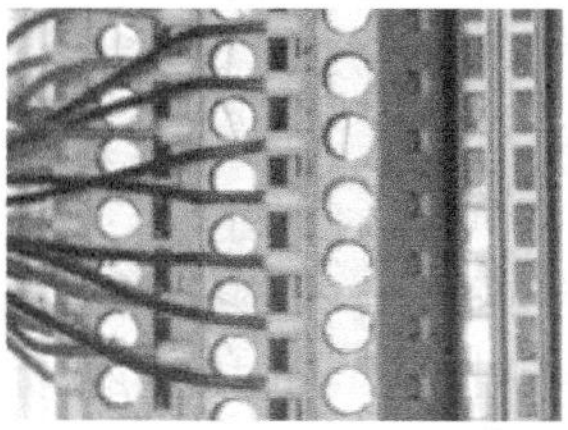 | 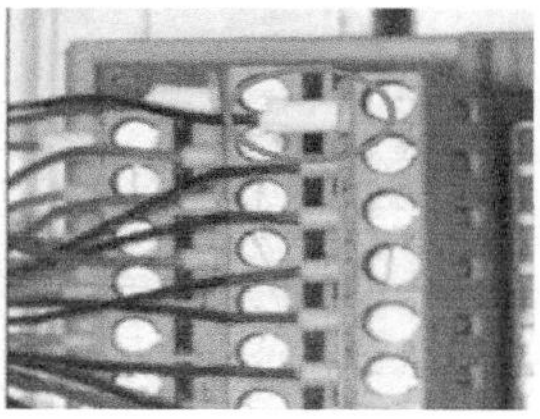 |
| 4 | 线槽中的电缆必须有至少 10mm 预留长度。如果是同一个线槽里的短接线，没必要预留 | 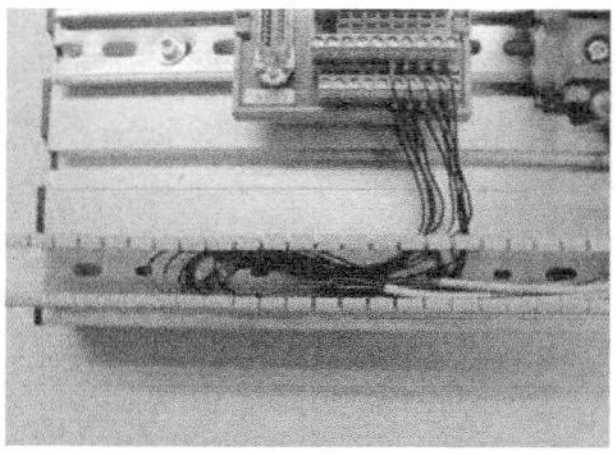 |  |
| 5 | 需要剥掉线槽里线缆的外部绝缘层 | 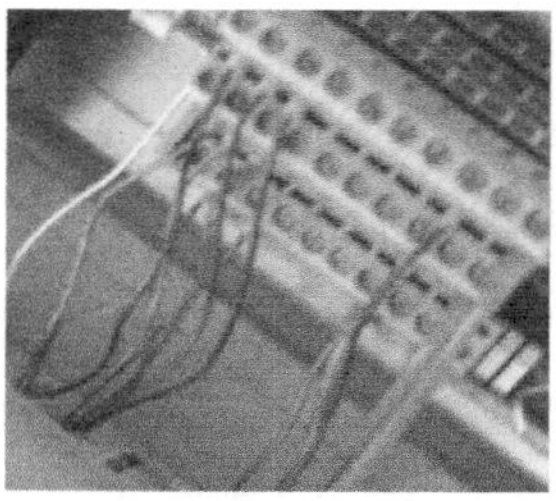 | 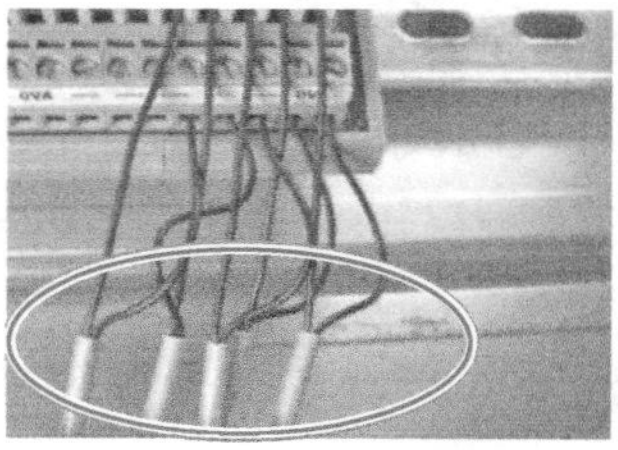 |
| 6 | 线槽必须全部合实，所有槽齿必须盖严 |  |  |
| 7 | 不得损坏线缆绝缘层并且裸线不得外露 | 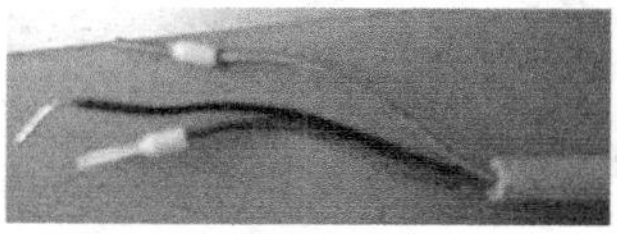 | 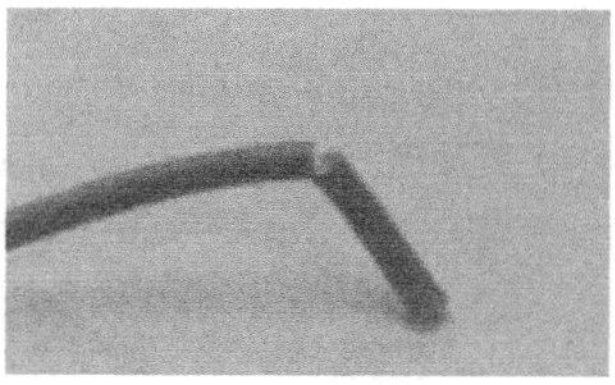 |
| 8 | 线、管需要剪到合适长度，并且线、管圈不得伸到线槽外 | 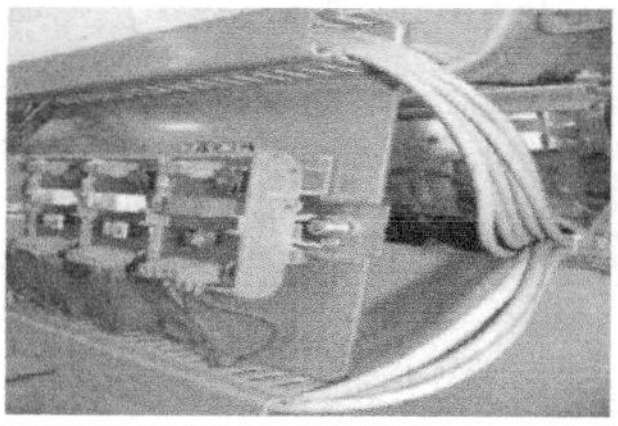 |  |

（续）

| 序号 | 技术规范 | 正确 | 错误 |
|---|---|---|---|
| 9 | 穿过 DIN 轨道或者绕尖角布局的导线必须使用 2 个线夹子固定 | 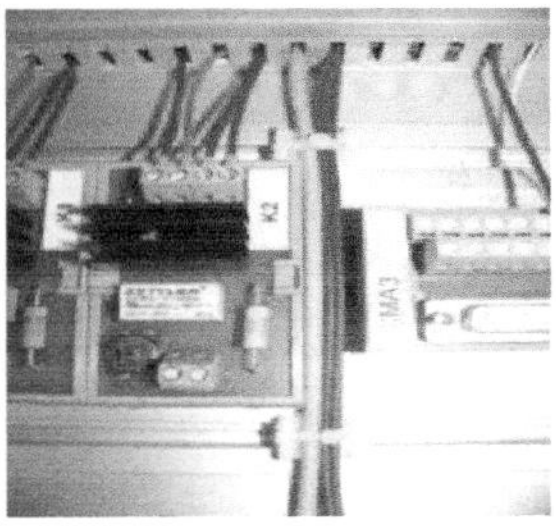 | 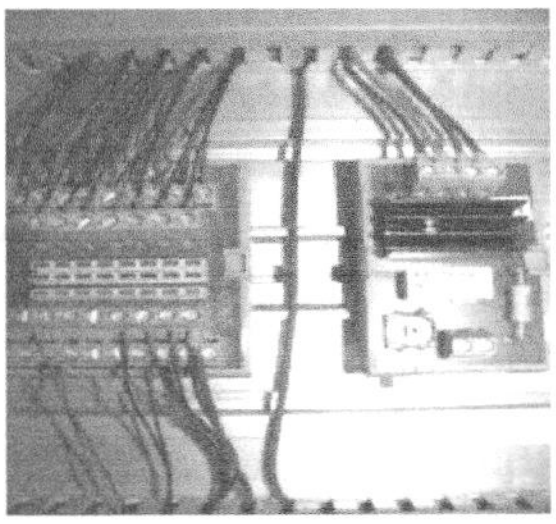 |
| 10 | 线槽和接线端子之间的导线不能交叉 |  |  |
| 11 | 电线中不用的松线必须绑到线上，并且长度必须剪到和使用的那根长度一样。并且必须保留绝缘层，以防发生触点闭合。该要求适用于线槽内外的所有线缆 | 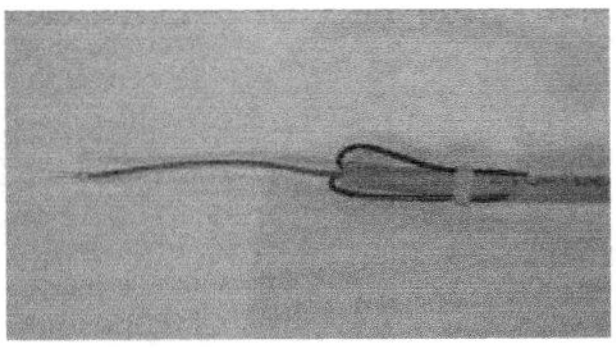 | 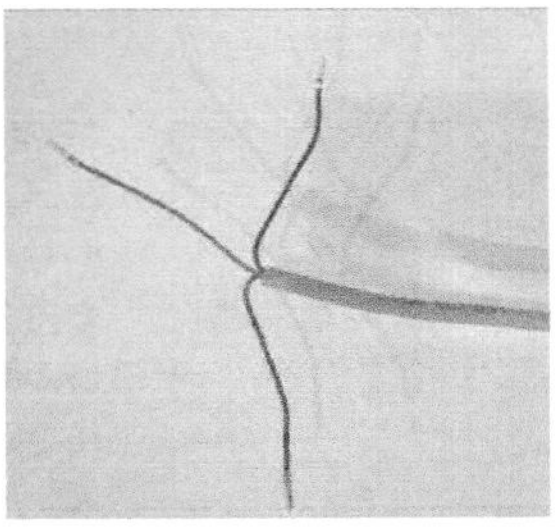 |
| 12 | 工作站上（包括线槽里面）不得有垃圾、下脚料或其他碎屑 | — | — |
| 13 | 工具不得遗留到站上或工作区域地面上 | — | 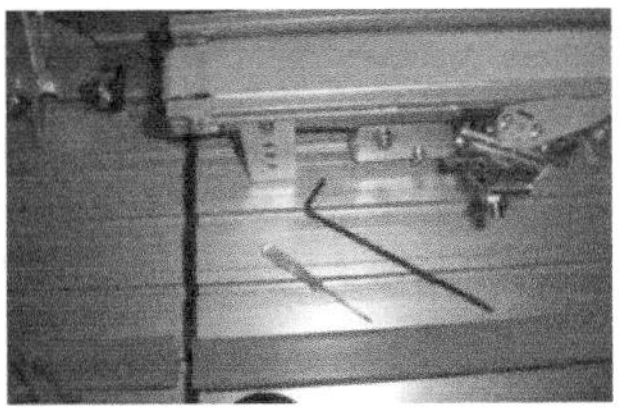 |
| 14 | 工作站上不得留有未使用的零部件和工件 | — |  |
| 15 | 工作站、周围区域以及工作站下方应干净整洁（用扫帚打扫干净） | — | — |

表 2-7　陀螺压装电气安装工艺过程卡片

| 电气安装工艺过程卡片 | | | DLDS-3717 | | |
|---|---|---|---|---|---|
| | | | 指尖陀螺压装工作站 | | |
| 工序号 | 工序名称 | 工序内容 | 参考图片 | 使用工具 | 工艺流程确认 |
| 1 | 准备 | 装配前的准备工作（着装及劳动保护） | | | |
| | | 仔细阅读图样，读懂技术要求 | | | |
| | | 准备齐全有关工具及耗材 | | | |
| 2 | 安装 DIN 导轨和线槽 | 根据图样，将 DIN 导轨、线槽和导线固定座安装到平台上（固定任何一段 DIN 导轨或线槽时都应使用至少 2 个带垫圈的螺钉，固定座间距为 110 ~ 120mm）。拧紧固定螺钉 | | 螺钉旋具、内六角扳手 | |
| 3 | 安装端子板并接线 | 根据图样，将按钮模块的线路，接到 I/O 转接模块的对应端子上，注意线号方向为从下向上。旋紧螺钉，不得有松动。不得损伤导线绝缘。导线不得交叉。插接好转接线，拧紧固定螺钉 | | 螺钉旋具、剥线钳、压线钳 | |
| 4 | 安装四轴工业机器人端子并接线 | 根据图样，将四轴工业机器人的信号线接到 3N 端子上，注意线号方向为从下向上。旋紧螺钉，不得有松动。不得损伤导线绝缘。导线不得交叉 | | 螺钉旋具、剥线钳、压线钳 | |
| 5 | 安装六轴工业机器人端子并接线 | 根据图样，将六轴工业机器人的信号线接到 3N 端子上，注意线号方向为从下向上。旋紧螺钉，不得有松动。不得损伤导线绝缘。导线不得交叉 | | 螺钉旋具、剥线钳、压线钳 | |

（续）

| 电气安装工艺过程卡片 | | | DLDS-3717<br>指尖陀螺压装工作站 | | |
|---|---|---|---|---|---|
| 工序号 | 工序名称 | 工序内容 | 参考图片 | 使用工具 | 工艺流程确认 |
| 6 | 安装 24V 电源端子并接线 | 根据图样，将 24V 电源导线两端套装线号并压线针，安装到相应位置，旋紧螺钉，不得有松动。不得损伤导线绝缘。导线不得交叉 | | 螺钉旋具、剥线钳、压线钳 | |
| 7 | 安装电磁阀信号线 | 根据图样，将电磁阀信号线两端套装线号并压线针，安装到相应位置，旋紧螺钉，不得有松动。不得损伤导线绝缘。导线不得交叉 | | 螺钉旋具、剥线钳、压线钳 | |
| 8 | 安装剩余导线 | 根据图样，将剩余未连接导线补充完整。导线两端套装线号并压线针，安装到相应位置，旋紧螺钉，不得有松动。不得损伤导线绝缘。导线不得交叉 | | 螺钉旋具、剥线钳、压线钳 | |
| 9 | 安装盖板 | 盖好线槽盖板。槽盖之间缝隙小于 2mm | | | |
| 10 | 清理 | 清理基板台面及各部件底面，确保装配后设备运行稳定可靠 | | | |
| | | 整理工量具、紧固件等，保持工作现场整洁 | | | |

## 评价改进

| 检查标准 | 分值 | 评价得分 | 整改得分 |
|---|---|---|---|
| 1）所有接插件和压线针必须固定好，有松动的，一处扣 0.5 分<br>2）所有信号终端按给定原理图固定好，一处不符合原理图的扣 0.5 分<br>3）压线针不能看到外露的裸线，一处露铜扣 0.5 分<br>4）将压线针插到终端模块中，一处未插入扣 0.5 分<br>5）线号方向为自下而上，一处不合格扣 0.5 分 | 12 分 | | |

（续）

| 检查标准 | 分值 | 评价得分 | 整改得分 |
|---|---|---|---|
| 线槽和接线终端之间的导线不能交叉，一处交叉扣 0.5 分，扣完为止 | 4 分 | | |
| 扎带绑扎牢固，切割后剩余长度小于 1mm，1 处不合格，扣 0.5 分 | 4 分 | | |
| 扎带固定座安装尺寸未按规定（每个固定座的距离为 100~120mm，在转角处两端必须安装扎带固定座，且两端对称）的一处扣 1 分 | 4 分 | | |
| 工艺卡片确认 | 6 分 | | |
| 货架干净整洁 | 4 分 | | |
| 工作台干净整洁 | 4 分 | | |
| 装配桌干净整洁 | 4 分 | | |
| 电脑桌干净整洁 | 4 分 | | |
| 设备检查认真细致 | 3 分 | | |
| 设备损坏描述清楚、准确 | 3 分 | | |
| 插拔气管时，关闭气源，并泄压 | 4 分 | | |
| 减压阀调整正确 | 4 分 | | |
| 接受检查时礼貌大方 | 10 分 | | |
| 上课时精力充沛，做任务积极主动 | 10 分 | | |
| 上课 7S 5min | 10 分 | | |
| 下课 7S 5min | 10 分 | | |
| 合计 | 100 分 | | |

## 拓展训练

键盘装配平台电气安装

根据键盘装配电气原理图和键盘装配电气安装工艺过程卡片完成电气安装。安装过程必须按照电气安装技术规范操作（见表 2-6），做到工艺标准，凸显工匠文化，保持平台以及周围环境卫生。

说明：键盘装配电气安装工艺过程卡片与陀螺压装电气安装工艺过程卡片内容完全相同。

# 项目 3

# 四轴工业机器人基本操作应用

## 任务 1 四轴工业机器人示教器操作

### 情景描述

某公司有一台工业机器人工作站，能够在指尖陀螺压装、数字键盘全自动装配、双机器人协同的无线鼠标装配、工件全自动打磨、礼品自动包装、多品种物料转运及码垛和书签全自动分拣等 7 个不同任务之间实现切换，作为公司的一名调试工程师，需要熟悉这个工作站的四轴机器人的基本操作应用。

### 任务目标

1. 示教器操作界面认识。
2. 机器人坐标系。
3. 机器人点位示教。
4. 机器人系统配置。
5. 提升自身的职业素养。

### 任务准备

1. 工作服、安全鞋和安全帽。
2. 内六角扳手、活扳手、金属直尺、螺钉旋具及其他工具。

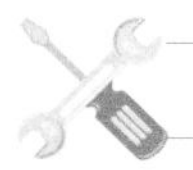

### 任务实施

1. 请准确写出图 3-1、图 3-2 中各部分的名称。
2. 请准确写出表 3-1 中按键的名称和功能。

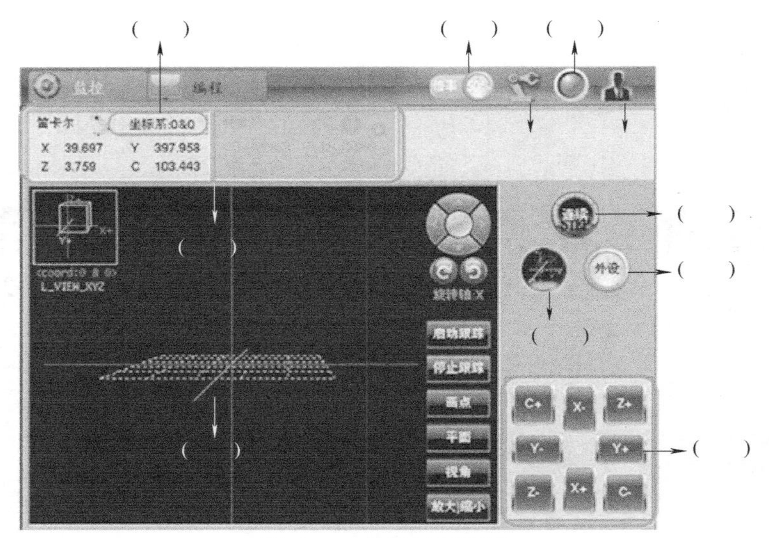


图 3-1　1 号示教器界面

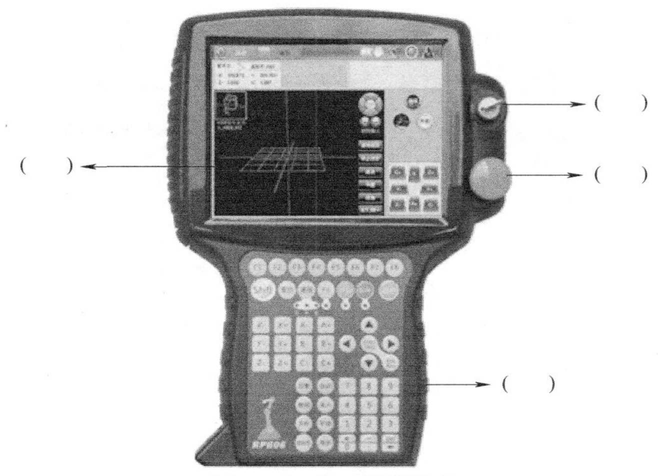

图 3-2　2 号示教器外观

表 3-1　按键的说明

| 按键 | 说明 |
| --- | --- |
|  | 名称：<br>功能： |

（续）

| 按键 | 说明 |
| --- | --- |
| RESET RESET RESET | 名称：<br>功能： |
|  | 名称：<br>功能： |
| F1 F2 F3 F4 F5 F6 F7 F8 | F1：<br>F2：<br>F3：<br>F4：<br>F5：<br>F6：<br>F7：<br>F8： |
| Shift 复位 速度 Mot 单段 暂停 启动<br>低 中 高 | Shift：<br>复位：<br>速度：<br>Mot：<br>LED 灯闪烁——<br>LED 灯常亮——<br>LED 灯不亮——<br>单段：<br>暂停：<br>启动： |
| X- X+ A- A+<br>Y- Y+ B- B+<br>Z- Z+ C- C+ | 功能： |

（续）

| 按键 | 说明 |
|---|---|
|  | 方向键：<br>Enter/Yes：<br>Esc/No： |
|  | R1-R5：<br>文件：<br>坐标系：<br>单步： |
|  | 数字键：<br>←：<br>Shift+Del： |

3. 请手动选择笛卡尔/关节坐标系，并实际操作机器人，观察两个坐标系下机器人运动轨迹的差别。

4. 机器人点位示教练习，新建最小工程，新建简单测试程序：

```
MovP(p1)
while true do
MovL(p2)
MovL(p3)
MovL(p4)
```

```
MovL(p1)
Delay(100)
end。
```

打开“DATA. PTS”点位文件，依次选中 P001，P002，P003，P004（此行变成黑色，即表示选中），移动机器人依次到 4 个目标点并单击“示教”，则 4 个点记录在了“DATA. PTS”列表中，单击“ ”按钮。手动运行程序，观察机器人动作情况。

5. 机器人系统配置练习，在参数界面完成以下配置：

系统语言设置为中文，以太网卡设定——配置机器人控制器系统网络 IP 地址为：192. 168. 1. 20。重启系统，观察系统参数是否成功配置。

6. 请上网查询和下载众为兴 AR4215 的相关资料，如技术规格书、用户手册、图样等，并阅读资料填写如下内容。

型号：____________________ 种类：____________________

轴数：____________________ 臂长：____________________

J1 轴手臂长度：______________ J1 轴旋转范围：______________

J2 轴手臂长度：______________ J2 轴旋转范围：______________

J3 轴行程：________________ J4 轴旋转范围：______________

额定/最大负载（kg）：________ 重复定位精度：______________

J3 轴最大下压力：____________ 电动机功率：________________

重复定位精度：______________ 用户 IO：__________________

用户配管：________________ 安装方式：________________

标准循环时间：______________ 重量：____________________

7. 请在老师的指导下对四轴机器人的各个部位进行检查，并填写设备点检记录。

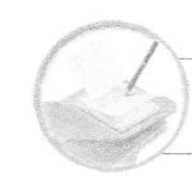

## 评价改进

| 检查标准 | 分值 | 评价得分 | 整改得分 |
| --- | --- | --- | --- |
| 机器人按键的名称和功能正确 | 6 分 | | |
| 机器人示教器各区域名称正确 | 6 分 | | |
| 按要求切换机器人坐标系 | 6 分 | | |
| 按要求进行机器人点位示教练习 | 6 分 | | |
| 按要求进行机器人系统配置练习 | 6 分 | | |
| 货架干净整洁 | 4 分 | | |
| 工作台干净整洁 | 4 分 | | |
| 装配桌干净整洁 | 4 分 | | |
| 电脑桌干净整洁 | 4 分 | | |
| 设备检查认真细致 | 3 分 | | |
| 设备损坏描述清楚、准确 | 3 分 | | |
| 插拔气管时，关闭气源，并泄压 | 4 分 | | |
| 减压阀调整正确 | 4 分 | | |
| 接受检查时礼貌大方 | 10 分 | | |
| 上课时精力充沛，做任务积极主动 | 10 分 | | |
| 上课 7S 5min | 10 分 | | |
| 下课 7S 5min | 10 分 | | |
| 合计 | 100 分 | | |

## 拓展训练

1. 四轴机器人示教器上有哪些实体功能键？逐一验证各键的功能。

2. 四轴机器人示教器触摸屏上有哪些虚拟功能键？逐一验证各键的功能。

# 任务2　四轴工业机器人校对与调试

## 情景描述

某公司有一台工业机器人工作站，能够在指尖陀螺压装、数字键盘全自动装配、双机器人协同的无线鼠标装配、工件全自动打磨、礼品自动包装、多品种物料转运及码垛和书签全自动分拣等 7 个不同任务之间实现切换，作为公司的一名调试工程师，需要熟悉这个工作站的四轴机器人的基本操作应用。

## 任务目标

1. 用户坐标系标定。
2. 圆弧用户坐标标定。
3. 工具坐标系标定。
4. PLC 与四轴机器人通信调试。
5. 提升自身的职业素养。

## 任务准备

1. 工作服、安全鞋和安全帽。
2. 内六角扳手、活扳手、金属直尺、螺钉旋具及其他工具。

## 任务实施

1. 以四轴机器人工作范围内任意位置摆放的工件为基准建立用户坐标系并进行标定，如图 3-3 所示。标定完成后选择新建的用户坐标系手动操作机器人进行验证。

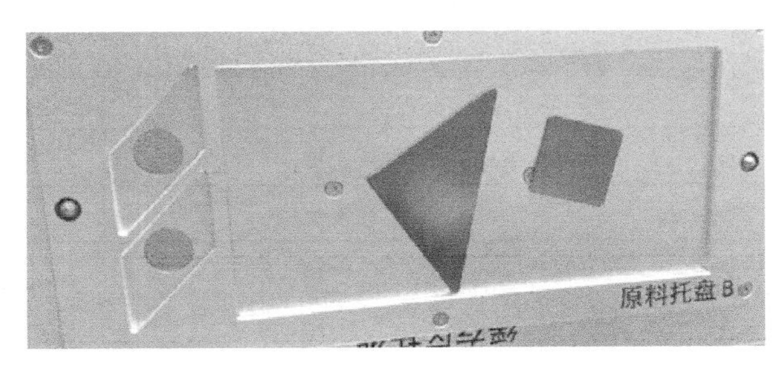


图 3-3　建立用户坐标系并进行标定

2. 以四轴机器人工作范围内以任意位置的圆弧为基准建立圆弧用户坐标系并进行标定。标定完成后选择新建的圆弧用户坐标系手动操作机器人进行验证。

3. 以当前四轴机器人的工具建立工具坐标系并进行标定。标定完成后选择新建的工具坐标系手动操作机器人进行验证。

4. 在 PLC 通信程序正常运行（将 PLC 中 D200 的值赋给 0x100，机器人中 0x110 的值赋给 PLC 的 D250 寄存器）的环境下测试外部 PLC 设备与 RC400 控制器之间的 Modbus 通信数据读写。在 PLC 监控表中，修改 D200 的值，观察 0x100 中值的变化，修改 0x110 中的值，观察 PLC 中 D250 值的变化来验证是否通信成功。

5. 请上网查询和下载信捷 XD5E-30T4 型 PLC 的相关资料，如技术规格书、用户手册、图样等，并阅读资料填写如下内容。

型号：________________ I/O 点数：________________

输出类型：________________ 输入类型：________________

电源类型：________________ 程序执行方式：________________

编程方式：________________ 处理速度：________________

用户程序容量：________________ 内部线圈（X）：________________

内部线圈（Y）：________________ 内部线圈（M、HM、SM）：________

定时器（T）：________________ 计数器（C）：________________

数据寄存器（D、HD）：________________

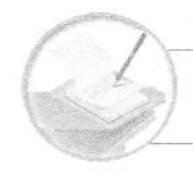

## 评价改进

| 检查标准 | 分值 | 评价得分 | 整改得分 |
|---|---|---|---|
| 用户坐标系准确标定且验证正确 | 6 分 | | |
| 圆弧用户坐标系准确标定且验证正确 | 6 分 | | |
| 工具坐标系准确标定且验证正确 | 6 分 | | |
| PLC 通信程序编写正确 | 6 分 | | |
| 与外部 PLC 设备通信测试成功 | 6 分 | | |
| 货架干净整洁 | 4 分 | | |
| 工作台干净整洁 | 4 分 | | |
| 装配桌干净整洁 | 4 分 | | |
| 电脑桌干净整洁 | 4 分 | | |
| 设备检查认真细致 | 3 分 | | |
| 设备损坏描述清楚、准确 | 3 分 | | |
| 插拔气管时，关闭气源，并泄压 | 4 分 | | |
| 减压阀调整正确 | 4 分 | | |
| 接受检查时礼貌大方 | 10 分 | | |
| 上课时精力充沛，做任务积极主动 | 10 分 | | |
| 上课 7S 5min | 10 分 | | |
| 下课 7S 5min | 10 分 | | |
| 合计 | 100 分 | | |

## 拓展训练

1. 信捷 XD5E-30T4 型 PLC 有哪些以太网通信指令？请对照基于以太网的 TCP_IP 通信用户手册熟悉通信指令的功能。

2. 四轴机器人示教器触摸屏上有哪些调试工具？逐一验证各工具的功能。

# 任务3 四轴工业机器人现场编程与调试

## 情景描述

某公司有一台工业机器人工作站，能够在指尖陀螺压装、数字键盘全自动装配、双机器人协同的无线鼠标装配、工件全自动打磨、礼品自动包装、多品种物料转运及码垛和书签全自动分拣等7个不同任务之间实现切换，作为公司的一名调试工程师，需要熟悉这个工作站的四轴机器人的基本操作应用。

## 任务目标

1. 现场编程控制机器人轨迹运动。
2. 现场编程控制机器人物料转运。
3. 现场编程控制机器人搬运与码垛。
4. 提升自身的职业素养。

## 任务准备

1. 工作服、安全鞋和安全帽。
2. 内六角扳手、活扳手、金属直尺、螺钉旋具及其他工具。

## 任务实施

1. 轨迹运动编程练习

现场编程控制机器人按如图3-4预定轨迹运动，具体要求如下：机器人换上画笔工具，在给定绘图样上（见图3-4）进行工业机器人现场编程，必须沿虚线绘制，不得超出实线边界，工业机器人必须从工作原点开始运行，绘图完成后返回工作原点。

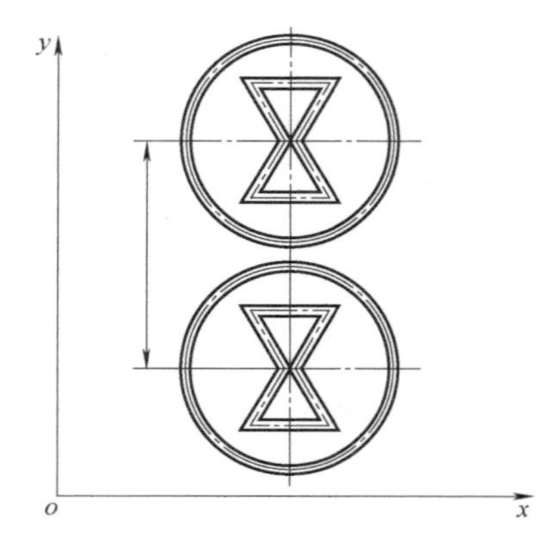

图3-4　现场编程练习

2. 物料转运编程练习

现场编程控制机器人进行物料转运操作。在工业机器人指尖陀螺压装工作站上，手动将双手爪工具安装在工业机器人末端，将1个陀螺主体、3个陀螺轴承放置到原料托盘上，先将陀螺主体搬运到转运转盘指定位置，再将3个陀螺轴承依次转运到陀螺主体的冲压位置，工业机器人必须从工作原点开始运行，搬运完成后返回工作原点。

3. 搬运与码垛编程练习

现场编程控制机器人进行物料搬运与码垛操作。在工业机器人指尖陀螺压装工作站上，

手动将双手爪工具安装在工业机器人末端，将 3 个陀螺轴承放置到原料托盘上，具体要求如下：将 3 个陀螺轴承依次从原料托盘转运到一个指定位置，并进行码垛。工业机器人必须从工作原点开始运行，搬运完成后返回工作原点。

## 评价改进

| 检查标准 | 分值 | 评价得分 | 整改得分 |
|---|---|---|---|
| 现场编程控制机器人按预定轨迹运动 | 10 分 | | |
| 现场编程控制机器人完成物料转运操作 | 10 分 | | |
| 现场编程控制机器人完成物料搬运与码垛操作 | 10 分 | | |
| 货架干净整洁 | 4 分 | | |
| 工作台干净整洁 | 4 分 | | |
| 装配桌干净整洁 | 4 分 | | |
| 电脑桌干净整洁 | 4 分 | | |
| 设备检查认真细致 | 3 分 | | |
| 设备损坏描述清楚、准确 | 3 分 | | |
| 插拔气管时，关闭气源，并泄压 | 4 分 | | |
| 减压阀调整正确 | 4 分 | | |
| 接受检查时礼貌大方 | 10 分 | | |
| 上课时精力充沛，做任务积极主动 | 10 分 | | |
| 上课 7S 5min | 10 分 | | |
| 下课 7S 5min | 10 分 | | |
| 合计 | 100 分 | | |

## 拓展训练

1. 四轴机器人 RC400 控制器上有哪些运动参数设置指令？逐一验证各指令的功能。

2. 四轴机器人 RC400 控制器上有哪些程序管理和输入/输出指令？逐一验证各指令的功能。

# 任务4 四轴工业机器人离线编程与调试

## 情景描述

某公司有一台工业机器人工作站，能够在指尖陀螺压装、数字键盘全自动装配、双机器人协同的无线鼠标装配、工件全自动打磨、礼品自动包装、多品种物料转运及码垛和书签全自动分拣等7个不同任务之间实现切换，作为公司的一名调试工程师，需要熟悉这个工作站的四轴机器人的基本操作应用。

## 任务目标

1. 离线编程控制机器人轨迹运动。
2. 离线编程控制机器人物料转运。
3. 离线编程控制机器人搬运与码垛。
4. 提升自身的职业素养。

## 任务准备

1. 工作服、安全鞋和安全帽。
2. 内六角扳手、活扳手、金属直尺、螺钉旋具及其他工具。

## 任务实施

1. 离线编程练习（1）

使用 ARStudio 软件离线编程控制机器人按如图 3-5 预定轨迹运动，具体要求如下：机器人换上画笔工具，在给定绘图样上（见图 3-5）控制工业机器人轨迹运动，必须沿虚线绘制，不得超出实线边界，工业机器人必须从工作原点开始运行，绘图完成后返回工作原点。

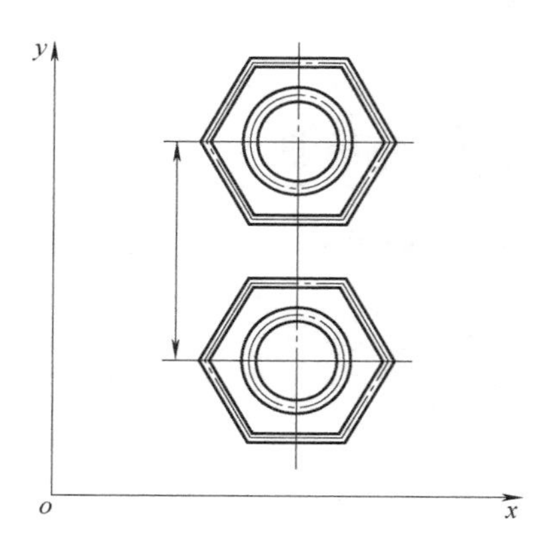

图 3-5 离线编程练习

2. 离线编程练习（2）

使用 ARStudio 软件离线编程控制机器人进行物料转运操作。在工业机器人指尖陀螺压装工作站上，手动将双手爪工具安装在工业机器人末端，将1个陀螺主体、3个陀螺轴承放置到原料托盘上，先将陀螺主体搬运到转运转盘指定位置，再将3个陀螺轴承依次转运到陀螺主体的冲压位置，工业机器人必须从工作原点开始运行，搬运完成后返回工作原点。

3. 离线编程练习（3）

使用 ARStudio 软件离线编程控制机器人进行物料搬运与码垛操作。在工业机器人指尖陀螺压装工作站上，手动将双手爪工具安装在工业机器人末端，将3个陀螺轴承放置到原料托盘上，具体要求如下：将3个陀螺轴承依次从原料托盘转运到一个指定位置，并进行码垛。工业机器人必须从工作原点开始运行，搬运完成后返回工作原点。

## 评价改进

| 检查标准 | 分值 | 评价得分 | 整改得分 |
|---|---|---|---|
| 离线编程控制机器人按预定轨迹运动 | 10分 | | |
| 离线编程控制机器人完成物料转运操作 | 10分 | | |
| 离线编程控制机器人完成物料搬运与码垛操作 | 10分 | | |
| 货架干净整洁 | 4分 | | |
| 工作台干净整洁 | 4分 | | |
| 装配桌干净整洁 | 4分 | | |
| 电脑桌干净整洁 | 4分 | | |
| 设备检查认真细致 | 3分 | | |
| 设备损坏描述清楚、准确 | 3分 | | |
| 插拔气管时，关闭气源，并泄压 | 4分 | | |
| 减压阀调整正确 | 4分 | | |
| 接受检查时礼貌大方 | 10分 | | |
| 上课时精力充沛，做任务积极主动 | 10分 | | |
| 上课7S 5min | 10分 | | |
| 下课7S 5min | 10分 | | |
| 合计 | 100分 | | |

## 拓展训练

1. 四轴机器人RC400控制器对应的离线编程软件ARStudio上对AR程序有哪些操作？逐一验证各操作。

2. 四轴机器人RC400控制器对应的离线编程软件ARStudio上对点数据“DATA. PTS”有哪些操作？逐一验证各操作。

# 项目 4

# 六轴工业机器人示教器操作

## 任务 1　认识示教器

### 情景描述

某公司新采购了一台多物品转运机器人工作站，工作站上安装了一台六轴工业机器人，作为公司的一名工程师，在使用设备之前需要熟悉机器人示教器。

### 任务目标

1. 熟悉示教器界面布局。
2. 熟悉示教器上按键开关及接口的功能。
3. 提升自身的职业素养。

### 任务准备

1. 工作服、安全鞋和安全帽。
2. 内六角扳手、活扳手、金属直尺、螺钉旋具及其他工具。

### 任务实施

1. 请准确说出图 4-1 中示教器各部分的名称及用途，并完成表 4-1。

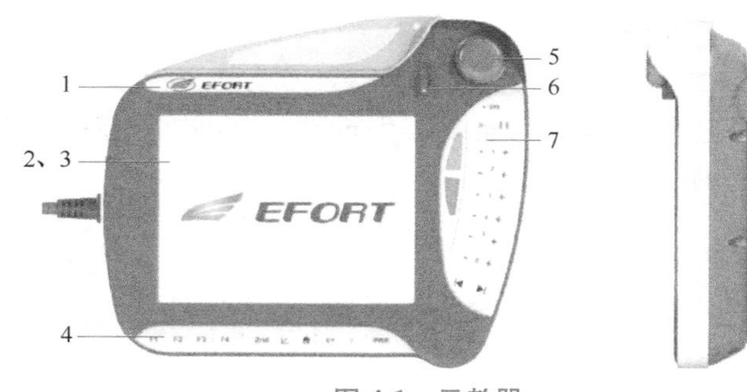


图 4-1　示教器

表 4-1　示教器的名称及用途

| 序号 | 名称 | 用途 |
|---|---|---|
| 1 | | |
| 2 | | |
| 3 | | |
| 4 | | |
| 5 | | |
| 6 | | |
| 7 | | |

2. 请准确说出图 4-2 中各个按键的名称，并完成表 4-2。

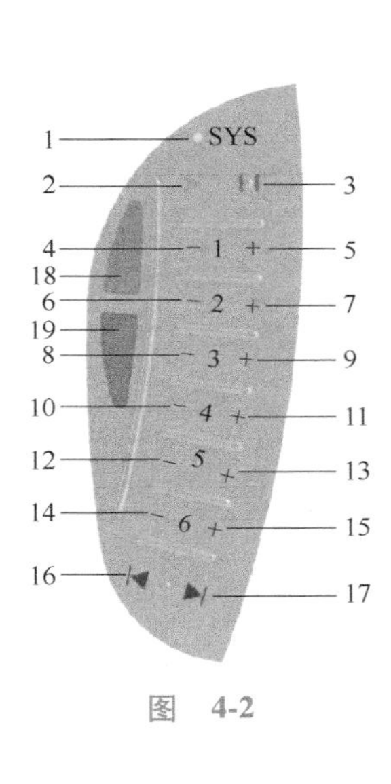


图　4-2

表　4-2

| 序号 | 名称 | 序号 | 名称 |
|---|---|---|---|
| 1 | | 11 | |
| 2 | | 12 | |
| 3 | | 13 | |
| 4 | | 14 | |
| 5 | | 15 | |
| 6 | | 16 | |
| 7 | | 17 | |
| 8 | | 18 | |
| 9 | | 19 | |
| 10 | | | |

3. 请准确说出图 4-3 中各个按键的名称，并完成表 4-3。

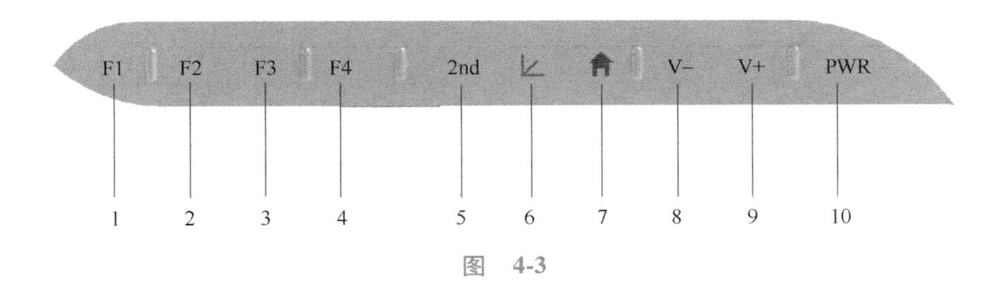


图　4-3

表 4-3

| 序号 | 名称 | 序号 | 名称 |
|---|---|---|---|
| 1 | | 6 | |
| 2 | | 7 | |
| 3 | | 8 | |
| 4 | | 9 | |
| 5 | | 10 | |

4. 请检查电气连接无误后通电，输入正确密码登录，查看示教器的状态，对照图 4-4 写出机器人所处的状态，完成表 4-4。

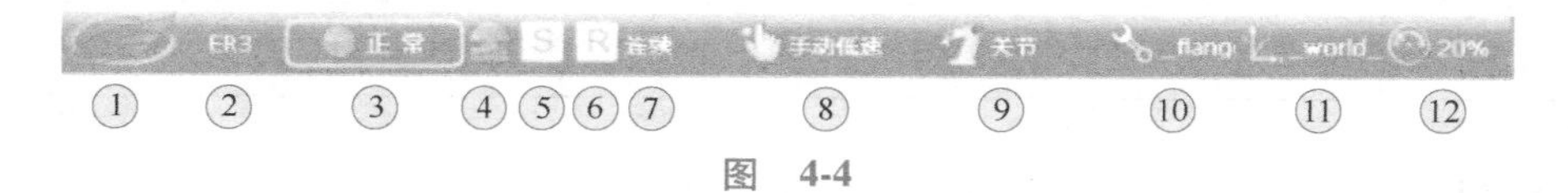

图 4-4

表 4-4

| 标号 | 状态 | 标号 | 状态 |
|---|---|---|---|
| 1 | | 7 | |
| 2 | | 8 | |
| 3 | | 9 | |
| 4 | | 10 | |
| 5 | | 11 | |
| 6 | | 12 | |

## 评价改进

| 检查标准 | 分值 | 评价得分 | 整改得分 |
|---|---|---|---|
| 示教器各部分名称正确 | 18 分 | | |
| 示教器右侧按键名称正确 | 19 分 | | |
| 示教器下侧按键名称正确 | 20 分 | | |
| 示教器状态栏各状态描述正确 | 24 分 | | |
| 接受检查时礼貌大方 | 4 分 | | |
| 上课时精力充沛，做任务积极主动 | 5 分 | | |
| 上课 7S 5min | 5 分 | | |
| 下课 7S 5min | 5 分 | | |
| 合计 | 100 分 | | |

## 拓展训练

1. 轻轻按下示教器上的三档开关，观察示教器状态栏的变化情况。

2. 把示教器上的三档开关按到底，观察示教器状态栏的变化情况。

3. 按下示教器上的急停开关，观察示教器状态栏的变化情况。

4. 当示教器状态栏的绿色正常指示灯变成红色异常时，怎样消除报警？

# 任务2 示教器点动操作

## 情景描述

某公司新采购了一台多物品转运机器人工作站，工作站上安装了一台六轴工业机器人，作为公司的一名工程师，在熟悉机器人示教器的情况下，需要对机器人进行点动操作来验收机器人是否正常。

## 任务目标

1. 了解工业机器人的坐标系。
2. 熟悉工业机器人常见的点动操作。
3. 提升自身的职业素养。

## 任务准备

1. 工作服、安全鞋和安全帽。
2. 内六角扳手、活扳手、金属直尺、螺钉旋具及其他工具。

## 任务实施

1. 请写出正确握持示教器和机器人手动使能的方法，并进行操作训练。

2. 请通过坐标管理按键切换机器人坐标系并观察记录状态栏的变化情况。

3. 请将机器人坐标系切换到关节坐标系，操作示教器右侧的“+”和“-”按键，用带有1~6的贴纸在机器人本体上标出机器人的6个关节。

4. 请将机器人坐标系切换到机器人（笛卡尔）坐标系，操作示教器右侧的“+”和“-”按键，用带有 XYZ 的箭头贴纸在工作台上标出机器人坐标系的正方向。

5. 将示教器切换到监视页面，按照表进行操作，观察总结记录，见表 4-5。

表 4-5

| 序号 | 操作 | 观察示教器页面并记录变化情况 |
| --- | --- | --- |
| 1 | 示教器模式开关打到中间位置，操作 V+和 V- | |
| 2 | 示教器模式开关打到右侧位置，操作 V+和 V- | |
| 3 | 选择手动全速模式且全局速度调节为 100%，取消勾选‘慢速’复选框，操作示教器右侧的“+”和“-”按键 | |
| 4 | 选择手动全速模式且全局速度调节为 100%，勾选‘慢速’复选框，操作示教器右侧的“+”和“-”按键 | |
| 5 | 切换至关节坐标系，勾选‘慢速’复选框，设置步长为 15，操作示教器右侧的“+”和“-”按键 | |
| 6 | 切换至关节坐标系，勾选‘慢速’复选框，设置步长为 30，操作示教器右侧的“+”和“-”按键 | |

## 评价改进

| 检查标准 | 分值 | 评价得分 | 整改得分 |
| --- | --- | --- | --- |
| 示教器握持和使能 | 10 分 | | |
| 机器人坐标系切换 | 10 分 | | |
| 关节坐标系下点动机器人操作及贴标 | 20 分 | | |
| 机器人坐标系下点动机器人操作及贴标 | 20 分 | | |
| 机器人速度操作 | 20 分 | | |
| 接受检查时礼貌大方 | 5 分 | | |
| 上课时精力充沛，做任务积极主动 | 5 分 | | |
| 上课 7S 5min | 5 分 | | |
| 下课 7S 5min | 5 分 | | |
| 合计 | 100 分 | | |

## 拓展训练

1. 通过示教器点动操作机器人，使机器人关节坐标为（30，60，90，-30，45，90）。

2. 通过示教器点动操作机器人，使机器人坐标值为（30，60，90，-30，45，90）。

## 任务3 坐标系管理

### 情景描述

某公司新采购了一台多物品转运机器人工作站，工作站上安装了一台六轴工业机器人，作为公司的一名工程师，在熟悉机器人示教器和坐标系的情况下，根据需要标定工具坐标和用户坐标。

### 任务目标

1. 学会工业机器人工具坐标的标定。
2. 学会工业机器人用户坐标的标定。
3. 提升自身的职业素养。

### 任务准备

1. 工作服、安全鞋和安全帽。
2. 内六角扳手、活扳手、金属直尺、螺钉旋具及其他工具。

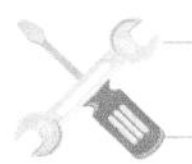

### 任务实施

1. 请在机器人末端法兰盘安装气动夹具并加持画笔工具，记录机器人夹持和释放画笔的输出信号，操作过程中注意防止画笔工具掉落。

2. 请结合画笔工具的特征选择合适的方法进行工具坐标的标定，记录操作步骤和标定结果。

第一步：

第二步：

第三步：

第四步：

第五步：

标定结果：

3. 请选择上一个任务标定的工具坐标，操作示教器右侧的“+”和“-”按键，观察机器人在机器人坐标系和工具坐标系下运动有何不同。

4. 请根据提供的安装图样在工作台上安装固定画图板，注意画图板要安装在机器人可达范围内。

5. 请结合画板工作台的特征选择合适的方法进行用户坐标的标定，记录操作步骤和标定结果。

第一步：

第二步：

第三步：

第四步：

第五步：

标定结果：

6. 请将机器人坐标系切换到上一个任务标定的用户坐标系，操作示教器右侧的“+”和“−”按键，观察机器人在机器人坐标系和工具坐标系运动有何不同。

## 评价改进

| 检查标准 | 分值 | 评价得分 | 整改得分 |
| --- | --- | --- | --- |
| 画笔夹具的安装 | 10 分 | | |
| 画笔工具的夹持释放操作 | 10 分 | | |
| 画笔工具坐标系的标定 | 10 分 | | |
| 工具坐标的切换与点动操作 | 10 分 | | |
| 画板的安装固定 | 10 分 | | |
| 用户坐标的标定 | 10 分 | | |
| 用户坐标的切换与点动操作 | 10 分 | | |
| 操作过程机器人无碰撞 | 5 分 | | |
| 操作过程中画笔工具无掉落 | 5 分 | | |
| 接受检查时礼貌大方 | 5 分 | | |
| 上课时精力充沛，做任务积极主动 | 5 分 | | |
| 上课 7S 5min | 5 分 | | |
| 下课 7S 5min | 5 分 | | |
| 合计 | 100 分 | | |

## 拓展训练

让机器人夹持一个非 TCP 方向的工具，然后进行工具坐标的标定。

# 任务4 机器人系统配置

## 情景描述

某公司新采购了一台多物品转运机器人工作站，工作站上安装了一台埃夫特六轴工业机器人，作为公司的一名工程师，需要对机器人系统进行配置和记录。

## 任务目标

1. 学会工业机器人系统配置。
2. 提升自身的职业素养。

## 任务准备

1. 工作服、安全鞋和安全帽。
2. 内六角扳手、活扳手、金属直尺、螺钉旋具及其他工具。

## 任务实施

1. 请将机器人系统语言切换成英文。

2. 请将机器人控制器 IP 设置为 192. 168. 1. 18。

3. 请记录当前系统选择的机器人型号。

4. 请把机器人下次维保时间设置成一年之后。

5. 请观察记录机器人 6 个轴的运动参数，完成表 4-6。

表 4-6　工业机器人 6 个轴的运动参数

| | J1 | J2 | J3 | J4 | J5 | J6 |
|---|---|---|---|---|---|---|
| 最大角度 | | | | | | |
| 最小角度 | | | | | | |
| 最大速度 | | | | | | |
| 最大加速度 | | | | | | |
| 最大加加速度 | | | | | | |

## 评价改进

| 检查标准 | 分值 | 评价得分 | 整改得分 |
|---|---|---|---|
| 语言选择 | 10 分 | | |
| IP 设置 | 10 分 | | |
| 机器人型号选择 | 10 分 | | |
| 机器人维保时间设置 | 10 分 | | |
| 机器人轴参数的设置与记录 | 20 分 | | |
| 接受检查时礼貌大方 | 10 分 | | |
| 上课时精力充沛，做任务积极主动 | 10 分 | | |
| 上课 7S 5min | 10 分 | | |
| 下课 7S 5min | 10 分 | | |
| 合计 | 100 分 | | |

## 拓展训练

请用网线连接计算机和机器人控制器，使用 Ping 命令检测网络是否连通。

# 任务5 机器人零点恢复

## 情景描述

某公司有一台多物品转运机器人工作站，工作站上安装了一台埃夫特六轴工业机器人，由于设备长期没有使用，现在开机后报警提示电池电压过低和零点丢失，作为公司的一名工程师，更换电池后进行零点恢复。

## 任务目标

1. 机器人电池的更换。
2. 机器人零点恢复操作。
3. 提升自身的职业素养。

## 任务准备

1. 工作服、安全鞋和安全帽。
2. 内六角扳手、活扳手、金属直尺、螺钉旋具及其他工具。

## 任务实施

1. 请打开机器人本体后端盖，观察并记录电池型号，然后填报采购单。

2. 请根据采购部门提供的电池，判断电池是否可用，然后更换电池。

3. 请按步骤进行机器人校对和零点恢复，并记录操作步骤。

第一步：

第二步：

第三步：

第四步：

第五步：

第六步：

## 评价改进

| 检查标准 | 分值 | 评价得分 | 整改得分 |
|---|---|---|---|
| 电池型号的确认 | 10 分 | | |
| 电池的更换 | 10 分 | | |
| 机器人刻度校对操作 | 20 分 | | |
| 机器人零点恢复操作 | 20 分 | | |
| 接受检查时礼貌大方 | 10 分 | | |
| 上课时精力充沛，做任务积极主动 | 10 分 | | |
| 上课 7S 5min | 10 分 | | |
| 下课 7S 5min | 10 分 | | |
| 合计 | 100 分 | | |

## 拓展训练

请采用零点文件导入的方式快速进行零点恢复。

# 任务6 机器人轨迹运动

## 情景描述

某公司新采购了一套机器人涂胶工作站，机器人采用埃夫特六轴工业机器人，根据涂胶工艺需要，作为公司的一名工程师，请编写机器人程序，实现三角形、圆形涂胶轨迹。

## 任务目标

1. 机器人程序在线编写。
2. 机器人操作与示教。
3. 机器人程序调试。
4. 提升自身的职业素养。

## 任务准备

1. 工作服、安全鞋和安全帽。
2. 内六角扳手、活扳手、金属直尺、螺钉旋具及其他工具。

## 任务实施

1. 请在机器人末端安装涂胶夹具，并手动夹持涂胶笔（可用画笔代替）。

2. 请在涂胶工位（可用画板代替）预置涂胶轨迹（在白纸上预画一个三角形和圆形）。

3. 请合理规划机器人的运动轨迹并选取合适的指令进行程序编写。

4. 请选择合适的坐标系和工具，然后操作机器人示教器并记录程序中的点位信息。

5. 请在完成前面4项任务后，按照正确的操作步骤进行程序手动单步执行。

6. 请在完成前面5项任务后使机器人自动在线涂胶运动轨迹上运行。

## 评价改进

| 检查标准 | 分值 | 评价得分 | 整改得分 |
|---|---|---|---|
| 涂胶笔的夹持 | 10分 | | |
| 涂胶轨迹准备工作 | 10分 | | |
| 机器人在线编程 | 20分 | | |
| 机器人操作与示教 | 20分 | | |
| 机器人程序单步调试 | 10分 | | |
| 机器人自动再现涂胶轨迹 | 10分 | | |
| 接受检查时礼貌大方 | 5分 | | |
| 上课时精力充沛，做任务积极主动 | 5分 | | |
| 上课7S 5min | 5分 | | |
| 下课7S 5min | 5分 | | |
| 合计 | 100分 | | |

## 拓展训练

请选取曲面上的迹涂轨迹进行编程示教调试，注意机器人运动姿态的调整。

# 项目 5

# 工业机器人周边设备编程与调试

## 任务 1　PLC 控制四轴机器人

### 情景描述

某公司新装配完成一套指尖陀螺压装工作站，作为公司的一名工程调试人员，请完成设备的调试工作，并优化程序流程及工艺，提高工作效率和工作质量。设备出厂前已经做了基本的功能测试。具体控制要求如下：

1）按下急停按钮，所有信号均停止输出，放松急停按钮，复位指示灯以 1Hz 频率闪烁，按下复位按钮，复位灯常亮，四轴工业机器人回安全点，夹具松开，复位灯灭，起动按钮指示灯以 1Hz 频率闪烁。

2）按下起动按钮后，起动按钮指示灯常亮，起动四轴工业机器人完成 1 个完整陀螺（A 工位：蓝色陀螺主体；1、2、3 工位：蓝色轴承）从料盘（原料托盘的简称，见图 5-1）搬运至环形装配检测机构指定位置（存放位置说明见图 5-2）的转运操作。完成物料的转运后，一个工作流程结束，起动按钮指示灯熄灭，停止按钮指示灯常亮。

图 5-1 示为 9 个物料摆放示意图，物料摆放位置固定。

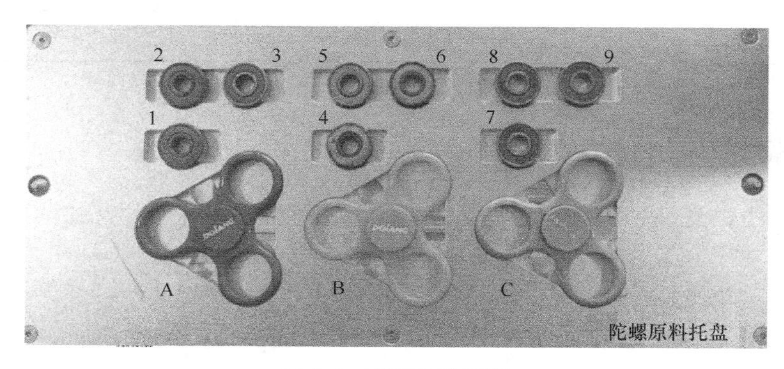


图 5-1　陀螺摆放示例

四轴工业机器人通信地址为：192. 168. 1. 20。

PLC 通信地址为：192. 168. 1. 18。

图 5-2 存放位置说明图

## 任务目标

1. 掌握 PLC 与四轴机器人的通信及控制。
2. 掌握 PLC 程序的编写。
3. 掌握四轴机器人程序的编写。

## 任务准备

1. 工作服、安全鞋和安全帽。
2. 内六角扳手、活扳手、金属直尺、螺钉旋具及其他工具。

## 任务实施

1. 请完善按钮和指示灯的地址（见表 5-1）。

表 5-1 按钮和指示灯的地址

| 按钮名称 | 按钮地址 | 指示灯地址 |
| --- | --- | --- |
| 起动 | | |
| 停止 | | Y1 |
| 复位 | X2 | |
| 伺服使能 | | Y3 |
| 手/自动 | X5 | |
| 急停 | | Y5 |

2. 请配置 PLC 与四轴机器人之间进行数据传输的地址（见表 5-2），并将四轴工业机器人通信地址设置为 192. 168. 1. 20，将 PLC 通信地址设置为 192. 168. 1. 18。

表 5-2　传输地址

| PLC | 四轴机器人 |
|---|---|
| | |
| | |

3. 请编写 PLC 与四轴机器人通信程序。按照表 5-3 中传输的数据，在 PLC 监控表中修改发送地址的值，观察机器人中接收地址值的变化，修改机器人中发送地址的值，观察 PLC 中接收地址值的变化，验证是否通信成功。

表 5-3　传输数据

| PLC→四轴机器人 | 四轴机器人→PLC |
|---|---|
| 2 | 1 |
| 3 | 5 |

4. 请编制 PLC 急停程序，实现以下功能：按下急停按钮，所有信号均停止输出；松开急停按钮，复位指示灯以 1Hz 频率闪烁。

5. 请编制 PLC 复位程序，实现以下功能：按下复位按钮，复位灯常亮，四轴工业机器人回安全点，夹具松开，复位灯灭，起动按钮指示灯以 1Hz 频率闪烁。

6. 请编制 PLC 工作程序，实现以下功能：按下起动按钮后，起动按钮指示灯常亮，起动四轴工业机器人完成 1 个完整陀螺（A 工位：蓝色陀螺主体；1、2、3 工位：蓝色轴承）从料盘（见图 5-1）搬运至环形装配检测机构指定位置（见图 5-2）的转运操作。完成物料的转运后，一个工作流程结束，启动按钮指示灯熄灭，停止按钮指示灯常亮。

7. 请编制四轴机器人程序，实现控制工作流程。

## 评价改进

| 检查标准 | 分值 | 评价得分 | 整改得分 |
|---|---|---|---|
| 工作台干净整洁 | 4 分 | | |
| 装配桌干净整洁 | 4 分 | | |
| 电脑桌干净整洁 | 4 分 | | |
| 设备检查认真细致 | 4 分 | | |
| PLC 与机器人 IP 地址正确 | 4 分 | | |
| PLC 与机器人能够正常通信 | 6 分 | | |
| 按下急停按钮，所有信号均停止输出 | 4 分 | | |
| 放松急停按钮，复位指示灯以 1Hz 频率闪烁 | 4 分 | | |
| 按下复位按钮，复位按钮指示灯常亮，四轴机器人回安全点位置，夹具松开，复位灯灭，起动按钮指示灯以 1Hz 频率闪烁 | 6 分 | | |
| 四轴工业机器人自动成功完成 4 个物料的上料，每个物料得 5 分 | 20 分 | | |
| 工作完成，四轴机器人回到安全点后，起动按钮指示灯熄灭，停止指示灯常亮 | 6 分 | | |
| 工作过程中拍下急停按钮，所有设备均停止工作 | 4 分 | | |
| 接受检查时礼貌大方 | 5 分 | | |
| 上课时精力充沛，做任务积极主动 | 5 分 | | |
| 上课 7S 5min | 10 分 | | |
| 下课 7S 5min | 10 分 | | |
| 合计 | 100 分 | | |

## 拓展训练

1. 请编写如图 5-3 所示的触摸屏程序，要求触摸屏能够实现与设备按钮和指示灯一样的控制功能。

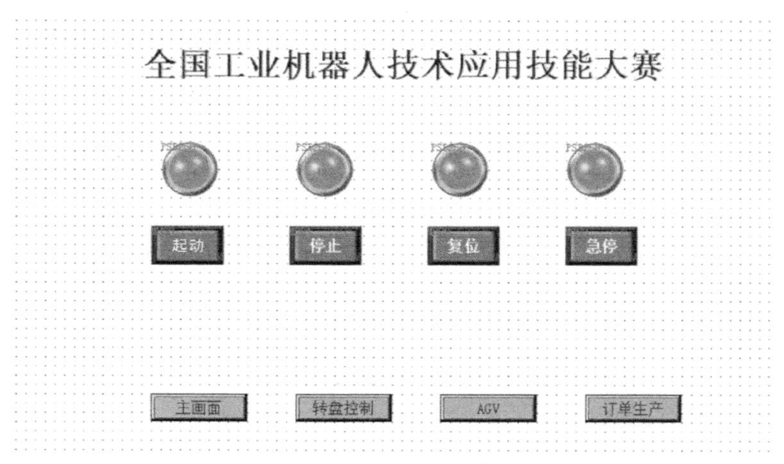


图 5-3 触摸屏示意图

2. 四轴机器人工作过程中，按下停止按钮，机器人可以随时停止；当再次按下起动按钮时，机器人从当前位置继续运行，请思考程序如何编写。

## 任务2 PLC控制转盘

### 情景描述

某公司有一台工业机器人工作站，能够在指尖陀螺压装、数字键盘全自动装配、双机器人协同的无线鼠标装配、工件全自动打磨、礼品自动包装、多品种物料转运及码垛和书签全自动分拣7个不同任务之间实现切换，作为公司的一名调试工程师，设置伺服驱动器参数，并编写PLC程序完成控制功能。

### 任务目标

1. 掌握伺服电动机的定位方式。
2. 掌握伺服驱动器参数的设置。
3. 掌握伺服电动机的通信方式。

### 任务准备

1. 工作服、安全鞋和安全帽。
2. 内六角扳手、活扳手、金属直尺、螺钉旋具及其他工具。

### 任务实施

1. 请将伺服驱动器恢复到出厂设置后，查询有关信息并完成表5-4。

恢复出厂设置的操作步骤：

1）关闭伺服使能。

2）设置 F0-01＝1。

3）按 ENTER 确认后，则参数恢复出厂设置。

表5-4 伺服驱动器参数信息（1）

| 用户参数 | 参数名 | 参数值 | 含义 |
| --- | --- | --- | --- |
| P0-01 | 控制模式 | | 位置控制（外部脉冲列指令） |
| P0-11 | 设定电动机每转脉冲数×1 | | 电动机每转脉冲数为 |
| P0-12 | 设定电动机每转脉冲数×10000 | | |
| P7-00 | Modbus 站号设置 | | Modbus 站号为 |
| P7-01 | RS485 串口参数 | | 第一个2：<br>第二个2：1位停止位<br>波特率为 |

2. 请根据表5-5中的信息配置伺服驱动器参数。配置完成后，伺服驱动器断电重新起动。

表 5-5 伺服驱动器参数（2）

| 用户参数 | 参数名 | 设置值 | 含义 |
|---|---|---|---|
| P0-01 | 控制模式 | 5 | 5 位置控制（内部位置指令） |
| P0-11 | 设定电动机每转脉冲数×1 | 0 | 每转指令脉冲数：100000 |
| P0-12 | 设定电动机每转脉冲数×10000 | 10 | |
| P0-33 | 电动机代码设定 | 50C4 | 电动机铭牌上的电动机代码 |
| P0-79 | 绝对值编码器电池欠压报警开关 | 0 | 使用绝对值编码器 |
| P4-03 | 内部位置模式设置 | 71 | 绝对定位 |
| P4-04 | 有效段数 | 1 | 有效段数 1 |
| P7-00 | Modbus 站号设置 | 2 | 485 站号 |
| P7-01 | RS485 串口参数 | 220E | 偶校验，1 位停止位，波特率 512000 |

3. 编写 PLC 程序及组态触摸屏，实现如下功能：

1）在转盘操作页面中实时显示转盘角度。

2）在线修改转盘速度、加减速时间，单位为 ms。

3）能够控制伺服 ON 信号。

4）能够对编码器清零。

5）实现转盘顺时针点动和逆时针点动（点动是指按下对应按钮后转盘保持对应方向的旋转，松开按钮时停止旋转）。

6）能控制转盘准确到达 0°位置、90°位置、180°位置和 270°位置。

## 评价改进

| 检查标准 | 分值 | 评价得分 | 整改得分 |
|---|---|---|---|
| 恢复出厂参数 | 3 分 | | |
| 伺服参数设置 | 6 分 | | |
| 触摸屏画面正确 | 3 分 | | |
| 点动控制正确 | 6 分 | | |
| 角度控制正确 | 12 分 | | |
| 货架干净整洁 | 4 分 | | |
| 工作台干净整洁 | 4 分 | | |
| 装配桌干净整洁 | 4 分 | | |
| 电脑桌干净整洁 | 4 分 | | |
| 设备检查认真细致 | 3 分 | | |

（续）

| 检查标准 | 分值 | 评价得分 | 整改得分 |
| --- | --- | --- | --- |
| 设备损坏描述清楚、准确 | 3 分 | | |
| 插拔气管时，关闭气源，并泄压 | 4 分 | | |
| 减压阀调整正确 | 4 分 | | |
| 接受检查时礼貌大方 | 10 分 | | |
| 上课时精力充沛，做任务积极主动 | 10 分 | | |
| 上课 7S 5min | 10 分 | | |
| 下课 7S 5min | 10 分 | | |
| 合计 | 100 分 | | |

## 拓展训练

1. 调整加减速时间分别设置为 200、1000、3000、6000，然后测试转盘到达 0°位置、90°位置、180°位置和 270°位置的动作，观察转盘转动的过程有什么变化，说一说你是怎么理解的?

2. 如果要求冲压位置必须为 90°位置，请问如何准确标定 0°位置的? 把标定步骤写下来。

# 任务 3 PLC 与六轴机器人通信

## 情景描述

某公司有一台工业机器人工作站，能够在指尖陀螺压装、数字键盘全自动装配、双机器人协同的无线鼠标装配、工件全自动打磨、礼品自动包装、多品种物料转运及码垛和书签全自动分拣 7 个不同任务之间实现切换，作为公司的一名调试工程师，需要编写程序实现六轴机器人的远程控制功能。

## 任务目标

1. 掌握 PLC 与六轴机器人的通信。
2. 掌握 PLC 远程控制机器人的方式。

## 任务准备

1. 工作服、安全鞋和安全帽。
2. 内六角扳手、活扳手、金属直尺、螺钉旋具及其他工具。

## 任务实施

1. 编写 PLC 程序和组态触摸屏，实现如下功能：

1）建立 PLC 与机器人的通信。

2）触摸屏可以显示机器人寄存器的值。

3）触摸屏上可以修改机器人寄存器的值。

2. 编写机器人程序，计算如下算式，并将结果显示在触摸屏上：

1）$(128+512)\times(32-16)\div4$。

2）$55.5\div4$。

3）$100\div3$。

3. 在任务 1、任务 2 的基础上修改程序，完成两个数的四则运算。

1）触摸屏上分别输入 X 和 Y。

2）触摸屏上按下“+”“−”“×”“÷”其中一个按钮，机器人起动运行，计算出结果，并将结果显示在触摸屏上。

例如：触摸屏上输入 X=10，Y=5，按下“+”按钮，则起动机器人完成计算 10+5=15，触摸屏显示结果 15。

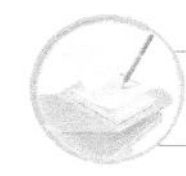

## 评价改进

| 检查标准 | 分值 | 评价得分 | 整改得分 |
|---|---|---|---|
| 触摸屏可以正确显示机器人寄存器值 | 6分 | | |
| 触摸屏可以修改机器人寄存器值 | 6分 | | |
| PLC与机器人通信正常 | 6分 | | |
| 完成算式运算，并显示正确结果 | 6分 | | |
| 完成四则运算 | 6分 | | |
| 货架干净整洁 | 4分 | | |
| 工作台干净整洁 | 4分 | | |
| 装配桌干净整洁 | 4分 | | |
| 电脑桌干净整洁 | 4分 | | |
| 设备检查认真细致 | 3分 | | |
| 设备损坏描述清楚、准确 | 3分 | | |
| 插拔气管时，关闭气源，并泄压 | 4分 | | |
| 减压阀调整正确 | 4分 | | |
| 接受检查时礼貌大方 | 10分 | | |
| 上课时精力充沛，做任务积极主动 | 10分 | | |
| 上课7S 5min | 10分 | | |
| 下课7S 5min | 10分 | | |
| 合计 | 100分 | | |

## 拓展训练

编写程序，完成3个数的混合运算。

1）触摸屏上分别输入X、Y、Z。

2）触摸屏上选择混合运算的法则，按下起动按钮，机器人起动运行，计算出结果，并将结果显示在触摸屏上。

# 任务4 PLC 控制六轴机器人

## 情景描述

某公司有一台工业机器人工作站，能够在指尖陀螺压装、数字键盘全自动装配、双机器人协同的无线鼠标装配、工件全自动打磨、礼品自动包装、多品种物料转运及码垛和书签全自动分拣7个不同任务之间实现切换，作为公司的一名调试工程师，需要编写程序实现六轴机器人的远程控制功能。

## 任务目标

1. 掌握 PLC 与六轴机器人的通信。
2. 掌握 PLC 远程控制机器人的方式。

## 任务准备

1. 工作服、安全鞋和安全帽。
2. 内六角扳手、活扳手、金属直尺、螺钉旋具及其他工具。

## 任务实施

1. 编写六轴机器人程序，实现如下功能：

1）工业机器人起动后，所有夹具复位，运动回到安全点。

2）停止5s后机器人运动到转盘陀螺转运仓位置，将3个陀螺轴承依次搬运到1~3#仓库位中。

3）停止5s后机器人搬运陀螺主体到成品仓库的5#位置。

4）循环执行2）、3）步骤。

2. 编写 PLC 程序和组态触摸屏，实现如下功能：

1）建立 PLC 与机器人的通信。

2）触摸屏可以显示机器人寄存器的值。

3）触摸屏上可以修改机器人寄存器的值。

3. 在任务1、任务2的基础上修改 PLC 程序和机器人程序，完成如下功能。

1）系统上电后，复位指示灯以1Hz频率闪烁，其余所有灯熄灭。

2）手动起动机器人，工业机器人起动后，所有夹具复位。

3）按下复位按钮，复位指示灯常亮，六轴机器人运动回到安全点。

4）六轴机器人回到安全点后，复位指示灯熄灭，运行指示灯以1Hz频率闪烁。

5）按下起动按钮，运行指示灯常亮，机器人自动运动到转盘陀螺转运仓位置，将3个陀螺轴承依次搬运到1~3#仓库位置。

6）轴承搬运完成后，运行指示灯以1Hz频率闪烁。

7）再次按下起动按钮，运行指示灯常亮，机器人自动搬运陀螺主体到4#仓库位置。

8）主体搬运完成后，机器人先回到安全点，运行指示灯熄灭，停止指示灯以1Hz频率闪烁。

特殊要求：触摸屏上实时显示仓库位置的存储状态。

## 评价改进

| 检查标准 | 分值 | 评价得分 | 整改得分 |
|---|---|---|---|
| 机器人搬运轴承位置准确 | 6分 | | |
| 机器人搬运主体位置准确 | 2分 | | |
| PLC与机器人通信正常 | 6分 | | |
| PLC控制机器人搬运 | 12分 | | |
| 仓库状态显示正确 | 4分 | | |
| 货架干净整洁 | 4分 | | |
| 工作台干净整洁 | 4分 | | |
| 装配桌干净整洁 | 4分 | | |
| 电脑桌干净整洁 | 4分 | | |
| 设备检查认真细致 | 3分 | | |
| 设备损坏描述清楚、准确 | 3分 | | |
| 插拔气管时，关闭气源，并泄压 | 4分 | | |
| 减压阀调整正确 | 4分 | | |
| 接受检查时礼貌大方 | 10分 | | |
| 上课时精力充沛，做任务积极主动 | 10分 | | |
| 上课7S 5min | 10分 | | |
| 下课7S 5min | 10分 | | |
| 合计 | 100分 | | |

## 拓展训练

编写程序，控制机器人搬陀螺，完成如下功能。

1）系统通电后，复位指示灯以1Hz频率闪烁，其余所有灯熄灭。

2）手动起动机器人，工业机器人起动后，所有夹具复位，触摸屏上设定轴承和主体分别放置的仓库位置。

3）按下复位按钮，复位指示灯常亮，六轴机器人运动回到安全点。

4）六轴机器人回到安全点后，复位指示灯熄灭，运行指示灯以 1Hz 频率闪烁。

5）按下起动按钮，运行指示灯常亮，机器人自动运动到转盘陀螺转运仓位置，将 3 个陀螺轴承依次搬运到仓库位置（仓库位置由触摸屏指定）。

6）轴承搬运完成后，运行指示灯以 1Hz 频率闪烁。

7）再次按下起动按钮，运行指示灯常亮，机器人自动搬运陀螺主体到仓库位置（仓库位置由触摸屏指定）。

8）主体搬运完成后，机器人先回到安全点，运行指示灯熄灭，停止指示灯以 1Hz 频率闪烁。

# 任务5　PLC控制自动引导车

## 情景描述

某公司新装配完成一套移动输送系统，作为公司的一名工程调试人员，请完成3个原料托盘的转运动作，并优化程序流程及工艺，提高工作效率和工作质量。设备出厂前已经做了基本的功能测试。

图5-4所示为移动输送系统工作示意图。图5-5所示为原料托盘。

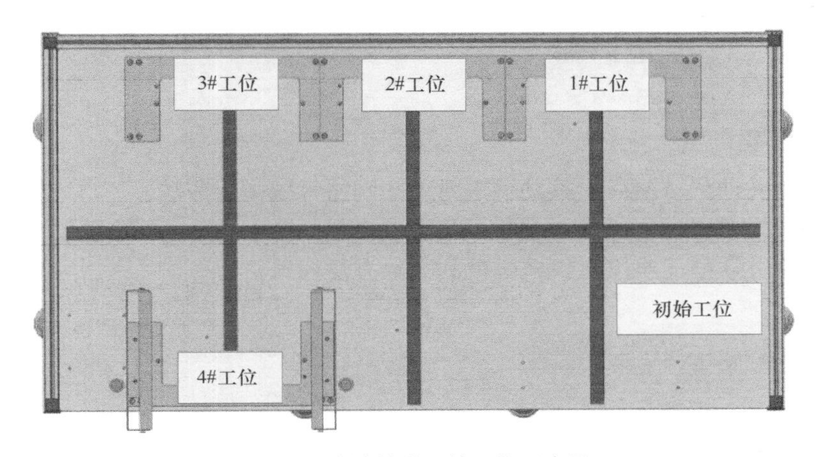


图5-4　移动输送系统工作示意图

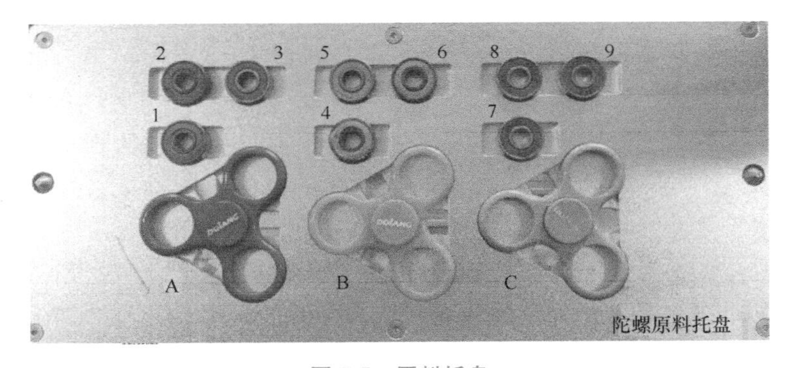


图5-5　原料托盘

具体控制要求如下：

（1）手动控制　通过触摸屏按钮控制移动输送系统完成3个原料托盘的转运动作，并能够显示当前库位和即将要移动的库位信息（见图5-6）。

（2）自动控制　按下起动按钮后，实现小车自动控制，首先无论小车在什么位置，小车先行回到1#工位，然后将原料托盘运送至4#工位，到达4#工位后，小车原路返回，将原料托盘送回到1#工位，重复以上动作，使得对2#工位和3#工位的托盘实现相同的控制要

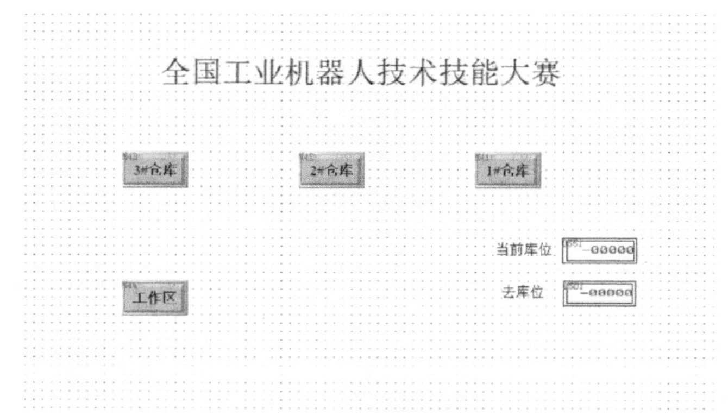


图 5-6　触摸屏组态

求。工作完成后，小车回到 1#工位。

## 任务目标

1. 掌握自动引导车（AGV）移动输送系统的网络无线配置方法。
2. 掌握 PLC 与移动输送系统的通信及控制。
3. 掌握自动引导车（AGV）供电电池的充电方法。

## 任务准备

1. 工作服、安全鞋和安全帽。
2. 内六角扳手、活扳手、金属直尺、螺钉旋具及其他工具。

## 任务实施

1. 简述 AGV 小车供电电池的充电方法。

2. 写出 AGV 小车与 PLC 的通信地址表（见表 5-6），并将 PLC 与 AGV 小车之间的控制指令表补充完整（见表 5-7）。

表 5-6　通信地址

| 作用 | 地址 |
| --- | --- |
| AGV 速度 | |
| AGV 控制字 | |
| AGV 反馈位置 | |

表 5-7　控制指令

| 仓库号 | PLC 发送指令 | AGV 反馈位置 | 数据类型 |
| --- | --- | --- | --- |
| 1# | | 1 | |
| 2# | | | |
| 3# | | 3 | |
| 4# | 4 | | |

3. 请对 PLC 与移动输送系统的通信串口进行配置并写出通信程序。

程序：

4. 请编制 PLC 程序，实现以下功能：通过触摸屏按钮控制移动输送系统完成 3 个原料托盘的转运动作，并能够显示当前库位和即将要移动的库位信息。

程序：

5. 请编制 PLC 程序，实现以下功能：按下起动按钮后，实现小车自动控制，首先无论小车在什么位置，小车先行回到 1#工位，然后将原料托盘运送至 4#工位。

程序：

6. 请编制 PLC 工作程序，实现以下功能：去往 2#工位。

程序：

7. 请编制 PLC 工作程序，实现以下功能：去往 3#工位。

8. 请编制 PLC 工作程序，实现以下功能：工作完成后，小车回到 1#工位。

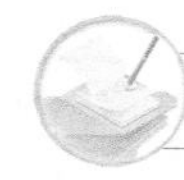

## 评价改进

| 检查标准 | 分值 | 评价得分 | 整改得分 |
|---|---|---|---|
| 工作台干净整洁 | 4 分 | | |
| 装配桌干净整洁 | 4 分 | | |
| 电脑桌干净整洁 | 4 分 | | |
| 设备检查认真细致 | 4 分 | | |
| 简述小车供电电池的充电方法正确 | 4 分 | | |
| AGV 小车与机器人能够正常通信 | 6 分 | | |
| 托运 1#工位原料盘到 4#工位 | 7 分 | | |
| 托运 4#工位原料盘到 1#工位 | 7 分 | | |
| 托运 2#工位原料盘到 4#工位 | 7 分 | | |
| 托运 4#工位原料盘到 2#工位 | 7 分 | | |
| 托运 3#工位原料盘到 4#工位 | 7 分 | | |
| 托运 4#工位原料盘到 3#工位 | 7 分 | | |
| 工作完成后，小车回到 1#工位 | 2 分 | | |
| 接受检查时礼貌大方 | 5 分 | | |
| 上课时精力充沛，做任务积极主动 | 5 分 | | |
| 上课 7S 5min | 10 分 | | |
| 下课 7S 5min | 10 分 | | |
| 合计 | 100 分 | | |

## 拓展训练

1. 请编写程序：在工作过程中，通过触摸屏能够实时改变小车的速度。

程序：

2. 请编制程序，首次起动运行时，可控制小车去往任意工位，工位地址由触摸屏提前设置。

程序：

# 任务6 基于视觉的四轴机器人上料

## 情景描述

某公司新装配完成一套指尖陀螺压装工作站，作为公司的一名工程调试人员，请完成设备的调试工作，并优化程序流程及工艺，提高工作效率和工作质量。设备出厂前已经做了基本的功能测试。定义：工作站需要转运的物料为陀螺，包括主体和轴承两种物料，分为红、蓝和紫 3 种颜色，如图 5-7 所示。

图 5-7 物料示意图

具体控制要求如下：

1）按下急停按钮，所有信号均停止输出，放松急停按钮，复位指示灯以 1Hz 频率闪烁，按下复位按钮，复位灯常亮，四轴工业机器人回安全点，夹具松开，复位灯灭，起动按钮指示灯以 1Hz 频率闪烁。

2）按下起动按钮后，起动按钮指示灯常亮，起动四轴工业机器人完成 1 个完整陀螺物料从原料托盘（见图 5-8）搬运至环形装配检测机构指定位置（存放位置说明见图 5-9）的转运操作（调试时，物料每次随机放置，即四轴机器人与视觉系统配合，通过视觉软件触发视觉系统拍照，能够正确识别物料的 X 坐标值、Y 坐标值和角度值，从而准确获取物料

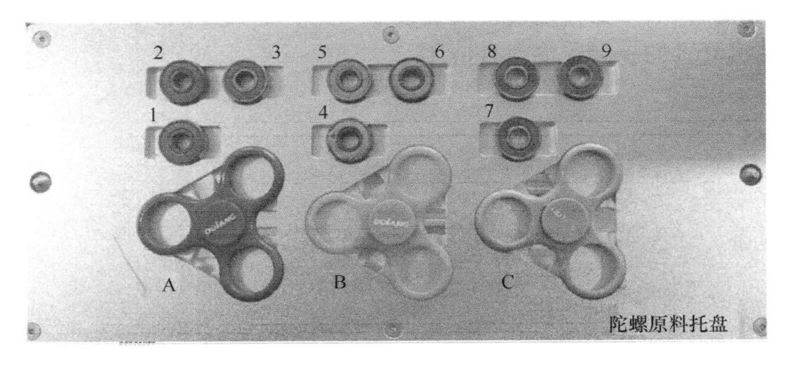


图 5-8 原料托盘物料布局示意图（请打乱顺序摆放）

位置、颜色、形状等信息，准确地吸取物料并能放入到指定的工装位置）。物料的搭配可通过触摸屏进行配置，完成物料的转运后，一个工作流程结束，起动按钮指示灯熄灭，停止按钮指示灯常亮。

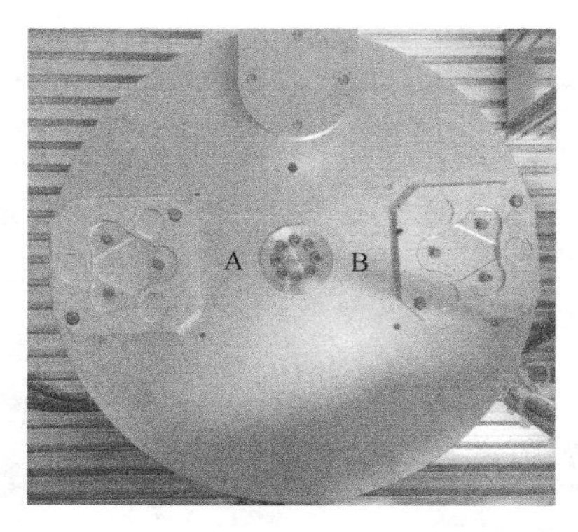


图 5-9　存放位置说明图

3）请组态触摸屏，要求触摸屏能够实现与设备按钮一样的控制功能（见图 5-10）。

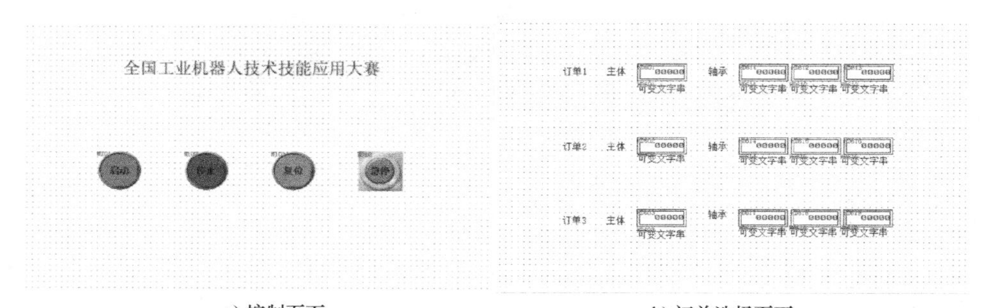


a) 控制页面　　b) 订单选择页面

图 5-10　触摸屏组态

## 任务目标

1. 掌握视觉相机软件的编程应用。
2. 掌握四轴机器人与视觉检测系统的通信。
3. 掌握四轴机器人的视觉程序编程应用。

## 任务准备

1. 工作服、安全鞋和安全帽。
2. 内六角扳手、活扳手、金属直尺、螺钉旋具及其他工具。

## 任务实施

1. 请填写下列内容。

1）视觉软件工具箱模块包含：定位、识别、标定、图像处理、颜色处理和逻辑工具等功能模块。

2）结果显示包含________和________。

3）请解释程序含义。

```
initTCPnet("CAM0")
CCDsent("CAM0",str)
if data[1][1]~=0 or data[1][1]~=0 then
print{data[1][1],data[1][2],data[1][3]}
pos. x=data[1][1]
pos. y=data[1][2]
pos. c=data[1][3]
end
```

2. 请对四轴机器人与视觉相机进行配置，并验证是否通信成功。

3. 请编制 PLC 急停程序，实现以下功能：按下急停按钮，所有信号均停止输出；松开急停按钮，复位指示灯以 1Hz 频率闪烁。

程序：

4. 请编制 PLC 复位程序，实现以下功能：按下复位按钮，复位灯常亮，四轴工业机器人回安全点，夹具松开，复位灯灭，起动按钮指示灯以 1Hz 频率闪烁。

程序：

5. 请编制机器人和视觉软件工作程序，实现以下功能：通过视觉软件触发视觉系统拍照，能够正确识别物料的坐标值（X 坐标值、Y 坐标值、角度值），从而准确获取物料位置、颜色、形状等信息。

四轴机器人程序：

视觉软件程序：

6. 按下起动按钮后，起动按钮指示灯常亮，起动四轴工业机器人完成 1 个完整陀螺物料从原料托盘搬运至环形装配检测机构指定位置的转运操作。物料的搭配可通过触摸屏进行配置，完成物料的转运后，一个工作流程结束，起动按钮指示灯熄灭，停止按钮指示灯常亮。

## 评价改进

| 检查标准 | 分值 | 评价得分 | 整改得分 |
|---|---|---|---|
| 工作台干净整洁 | 4分 | | |
| 装配桌干净整洁 | 4分 | | |
| 电脑桌干净整洁 | 4分 | | |
| 设备检查认真细致 | 4分 | | |
| PLC与机器人IP地址正确 | 4分 | | |
| PLC与机器人能够正常通信 | 6分 | | |
| 按下急停按钮，所有信号均停止输出 | 4分 | | |
| 放松急停按钮，复位指示灯以1Hz频率闪烁 | 4分 | | |
| 按下复位按钮，复位按钮指示灯常亮，四轴机器人回安全点位置，夹具松开，复位灯灭，起动按钮指示灯以1Hz频率闪烁 | 4分 | | |
| 视觉系统参数设定正确 | 5分 | | |
| 视觉系统建立标准模型模板 | 5分 | | |
| 正确编写视觉系统程序 | 5分 | | |
| 准确提取工件的颜色、形状、位置等信息 | 5分 | | |
| 视觉系统与机器人TCP通信正常，完成物料定位抓取、形状识别以及放料等 | 5分 | | |
| 工作完成，四轴机器人回到安全点后，起动按钮指示灯熄灭，停止指示灯常亮 | 3分 | | |
| 工作过程中拍下急停按钮，所有设备均停止工作 | 4分 | | |
| 接受检查时礼貌大方 | 5分 | | |
| 上课时精力充沛，做任务积极主动 | 5分 | | |
| 上课7S 5min | 10分 | | |
| 下课7S 5min | 10分 | | |
| 合计 | 100分 | | |

## 拓展训练

编制四轴机器人程序和PLC程序，组态触摸屏实现如下功能，要求绘制程序流程图。

1）按下急停按钮，所有指示灯停止输出。

2）松开急停按钮，复位指示灯以 1Hz 频率闪烁。

3）按下复位按钮，复位指示灯常亮。

4）手动起动四轴机器人回到安全点，手动起动 AGV，将陀螺随机放置在 1#原料托盘中。

5）当机器人回到安全点，AGV 到达 1 号库位后，复位指示灯熄灭，运行指示灯以 1Hz 频率闪烁。

6）按下起动按钮，运行指示灯常亮。

7）AGV 将 1 号原料托盘搬运到 4#库位。

8）启动相机程序，并将结果显示在触摸屏中。

9）四轴机器人抓取指定颜色的 3 个轴承和 1 个指定颜色的陀螺主体放置在转盘上的陀螺转运仓中，当托盘中没有所需要的陀螺原料时，AGV 将托盘运回原原料仓库位置，并搬运下一个托盘到 4#仓库位置。

10）当陀螺转运仓放满后，四轴机器人回到安全点停止，运行指示灯 1Hz 频率闪烁。

11）手动将转运仓中的陀螺原料拿走。

12）再次按下起动按钮，运行指示灯常亮，循环执行 8)~11）步。

13）直至所有托盘全部搬运完成，AGV 将托盘运回原原料仓库位置。

14）完成工作后 AGV 停止在 1#仓库位置，四轴机器人停止在回到安全点位置，运行指示灯熄灭，停止指示灯 1Hz 频率闪烁。

# 项目 6

# 指尖陀螺压装工作站调试与优化

## 任务 1　自动引导车调试

### 情景描述

自动引导车（AGV）在 PLC 的控制下负责将指尖陀螺原料从 3 个原料存储工位运至 4# 识别工位，期间其到位和现在的位置均需要发送至 PLC，PLC 对 AGV 小车的控制方式是按照从 1#工位、2#工位最后到 3#工位的顺序进行原料的运输。

整个原料搬运流程如图 6-1 所示。

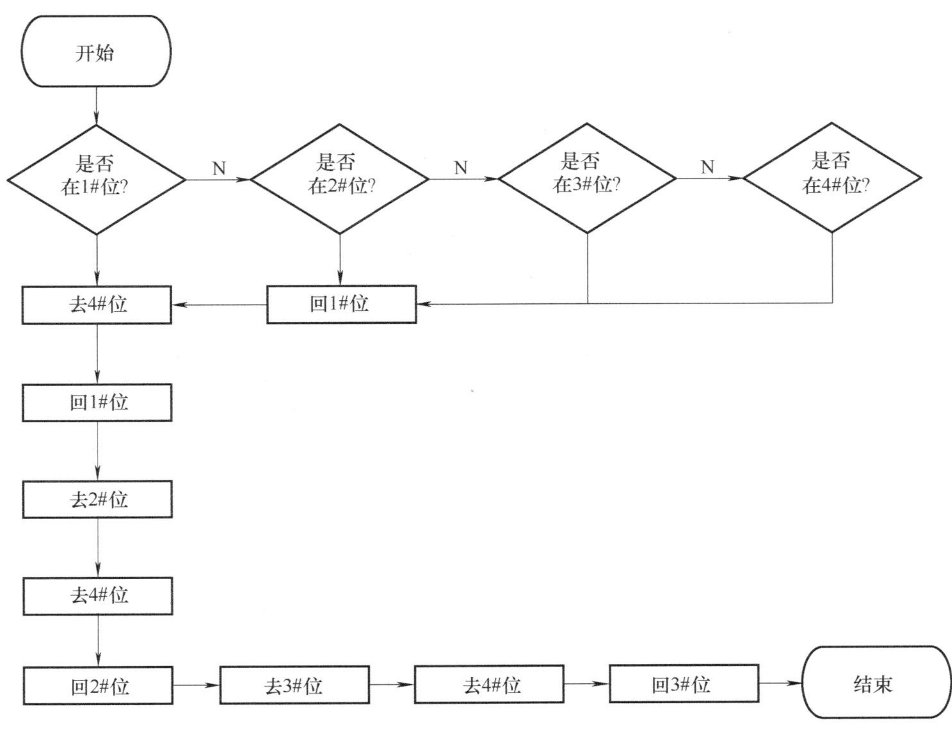


图 6-1　原料搬运流程

## 任务目标

1. 能根据情景描述查看对应的 PLC 控制程序。
2. 根据 AGV 小车的运行轨迹分析程序问题所在。
3. 能解决相关问题使 AGV 小车按照正常运料轨迹运行。

## 任务实施

1. 请说出 AGV 小车的实际运动与要求的运料轨迹有哪些不相符的地方。

2. 请查看 PLC 的控制程序，确认相关问题出现的原因，并将原因写在下面。

3. 请更改你认为可以调整 AGV 小车至要求运料轨迹的程序位置并重新调试，查看调试结果是否满足要求。

## 评价改进

| 检查标准 | 分值 | 评价得分 | 整改得分 |
|---|---|---|---|
| 调试中小组分工协作 | 5 分 | | |
| 调试过程中问题确定正确 | 10 分 | | |
| 修正程序使 AGV 正确调度 | 15 分 | | |
| 模块摆放整齐，美观 | 6 分 | | |
| 模块标识清晰，美观 | 6 分 | | |
| 货架干净整洁 | 4 分 | | |
| 工作台干净整洁 | 4 分 | | |
| 装配桌干净整洁 | 4 分 | | |
| 电脑桌干净整洁 | 4 分 | | |
| 设备检查认真细致 | 3 分 | | |
| 调试现象描述清楚、准确 | 3 分 | | |
| 接受检查时礼貌大方 | 10 分 | | |
| 上课时精力充沛，做任务积极主动 | 10 分 | | |
| 上课 7S 5min | 10 分 | | |
| 下课 7S 5min | 10 分 | | |
| 合计 | 100 分 | | |

## 任务2 视觉相机调试

### 情景描述

指尖陀螺压装工艺中视觉相机主要任务是根据PLC传送过来的订单信息（每个指尖陀螺的1个主体和3个轴承的颜色），识别并定位后将位置信息传送给四轴SCARA机器人。

视觉识别参考方案如图6-2所示。

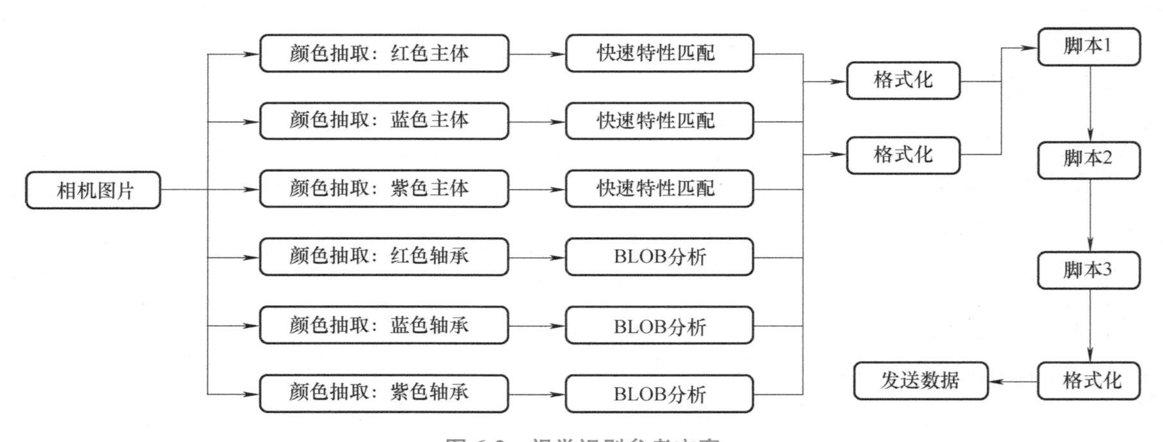


图6-2 视觉识别参考方案

### 任务目标

1. 能根据图6-2设计出指尖陀螺原料识别方案。
2. 能根据项目任务要求编辑设计脚本文件。
3. 能根据任务要求正确识别对应的指尖陀螺原料。

### 任务准备

1. 工作服、安全鞋和安全帽。
2. 内六角扳手、活扳手、金属直尺、螺钉旋具及其他工具。

### 任务实施

1. 请说出测试时哪些指尖陀螺的原料与要求不符。

2. 请查看视觉设计方案，确认上述问题出现的原因，并将原因写在下面。

3. 请更改你认为可以满足任务要求的方案内容并重新调试，查看调试结果是否满足要求。

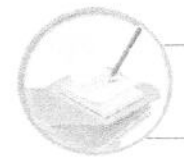

## 评价改进

| 检查标准 | 分值 | 评价得分 | 整改得分 |
| --- | --- | --- | --- |
| 调试中小组分工协作 | 5 分 | | |
| 调试过程中问题确定正确 | 10 分 | | |
| 修正方案使视觉识别正确 | 15 分 | | |
| 模块摆放整齐，美观 | 6 分 | | |
| 模块标识清晰，美观 | 6 分 | | |
| 货架干净整洁 | 4 分 | | |
| 工作台干净整洁 | 4 分 | | |
| 装配桌干净整洁 | 4 分 | | |
| 电脑桌干净整洁 | 4 分 | | |
| 设备检查认真细致 | 3 分 | | |
| 调试现象描述清楚、准确 | 3 分 | | |
| 接受检查时礼貌大方 | 10 分 | | |
| 上课时精力充沛，做任务积极主动 | 10 分 | | |
| 上课 7S 5min | 10 分 | | |
| 下课 7S 5min | 10 分 | | |
| 合计 | 100 分 | | |

## 任务 3 四轴工业机器人调试

### 情景描述

指尖陀螺压装工艺中四轴工业机器人的主要任务是与视觉系统进行通信，获取订单中物料的位置信息（每个指尖陀螺的 1 个主体和 3 个轴承的位置坐标）后，再获取 PLC 的指令后将指尖陀螺的 4 个物料搬运至组装位，为六轴工业机器人组装做好准备。

四轴工业机器人工作流程如图 6-3 所示。

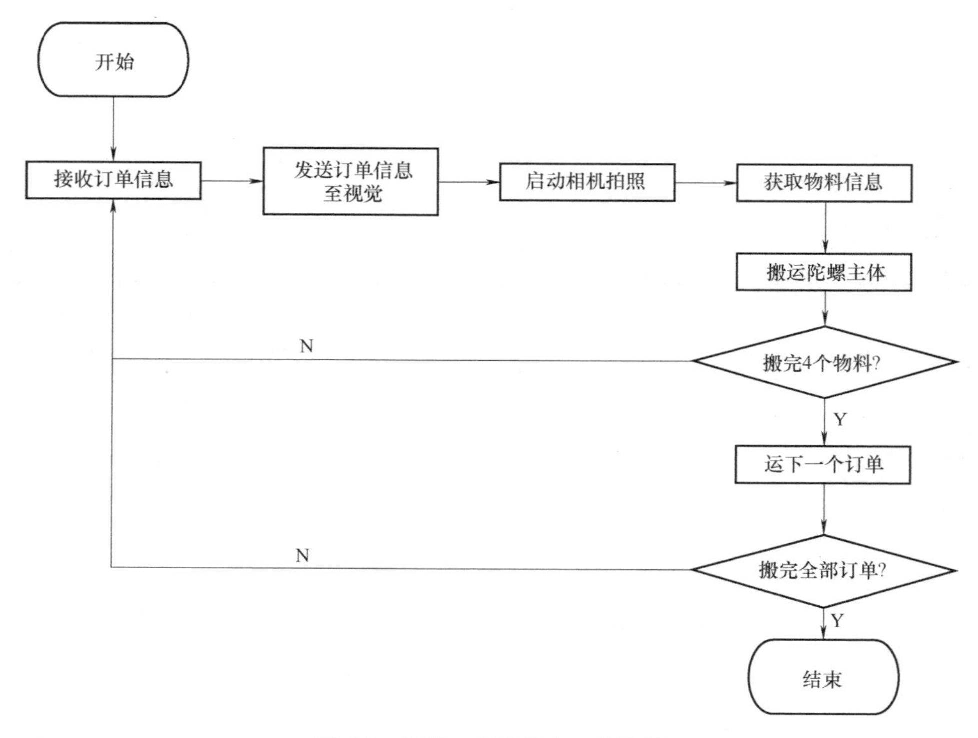


图 6-3 四轴工业机器人工作流程

### 任务目标

1. 能根据图 6-3 给四轴工业机器人的程序进行功能块分段标注。
2. 能根据项目任务流程描述不符合要求的现象及其对应程序中的原因。
3. 能根据任务要求正确修改程序使四轴工业机器人可以按要求完成搬运任务。

### 任务实施

1. 请说出在调试时四轴机器人出现了哪些搬运任务中的问题。

2. 请查看四轴工业机器人程序，确认上述问题出现的原因，并将原因写在下面。

3. 请更改你认为可以满足任务要求的程序部分并重新调试，查看调试结果是否满足要求。

## 评价改进

| 检查标准 | 分值 | 评价得分 | 整改得分 |
| --- | --- | --- | --- |
| 调试中小组分工协作 | 5分 | | |
| 调试过程中问题确定正确 | 10分 | | |
| 修改程序使四轴工业机器人抓取正确 | 15分 | | |
| 模块摆放整齐，美观 | 6分 | | |
| 模块标识清晰，美观 | 6分 | | |
| 货架干净整洁 | 4分 | | |
| 工作台干净整洁 | 4分 | | |
| 装配桌干净整洁 | 4分 | | |
| 电脑桌干净整洁 | 4分 | | |
| 设备检查认真细致 | 3分 | | |
| 调试现象描述清楚准确 | 3分 | | |
| 接受检查时礼貌大方 | 10分 | | |
| 上课时精力充沛，做任务积极主动 | 10分 | | |
| 上课7S 5min | 10分 | | |
| 下课7S 5min | 10分 | | |
| 合计 | 100分 | | |

# 任务4 转盘调试

## 情景描述

指尖陀螺压装工艺中环形转盘机构（实际运动机构为伺服电动机）的主要任务是与PLC进行通信，在接收到PLC运行指令后，从搬运位到装配位及冲压位之间的切换，配合四轴、六轴工业机器人完成指尖陀螺的压装流程。

环形转盘工作流程如图6-4所示。

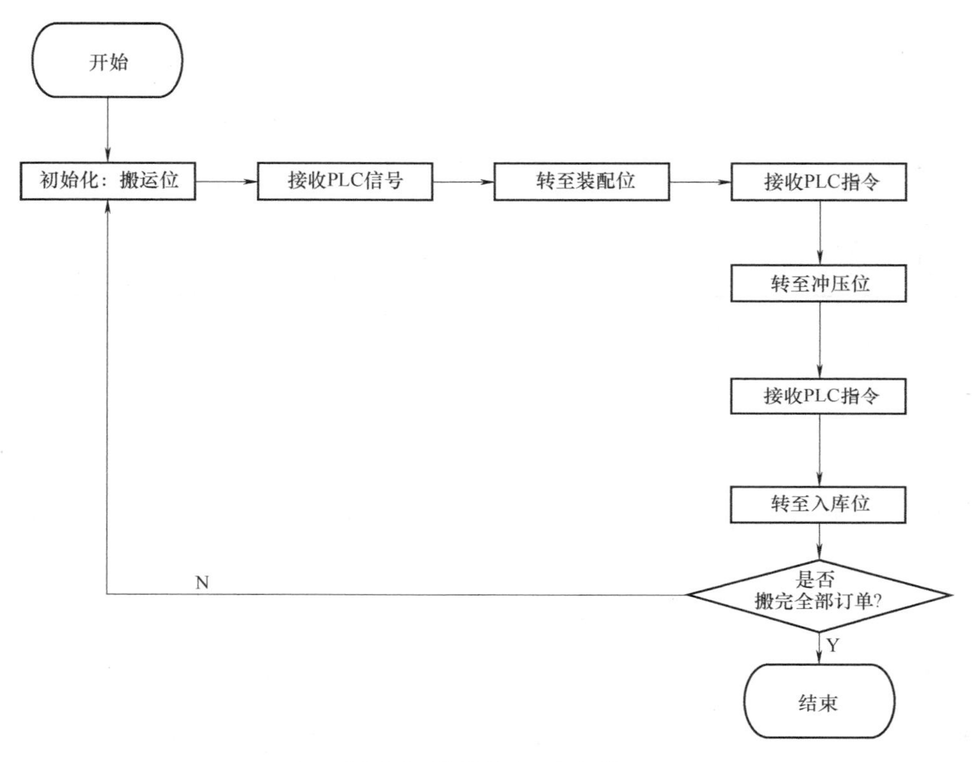


图6-4 环形转盘工作流程

## 任务目标

1. 能根据图6-4分析PLC控制流程中对转盘控制的控制指令信号。
2. 能根据项目任务流程描述不符合要求的现象及其对应程序中的原因。
3. 能根据任务要求正确修改程序使环形转盘可以按要求完成位置切换任务。

## 任务实施

1. 请说出在调试时环形转盘出现了哪些搬运任务中不符合要求的问题。

2. 请查看 PLC 程序，确认上述问题出现的原因，并将原因写在下面。

3. 请更改你认为可以满足任务要求的程序部分并重新调试，查看调试结果是否满足要求。

## 评价改进

| 检查标准 | 分值 | 评价得分 | 整改得分 |
| --- | --- | --- | --- |
| 调试中小组分工协作 | 5 分 | | |
| 调试过程中问题确定正确 | 10 分 | | |
| 修改程序使环形转盘运转正确 | 15 分 | | |
| 模块摆放整齐，美观 | 6 分 | | |
| 模块标识清晰，美观 | 6 分 | | |
| 货架干净整洁 | 4 分 | | |
| 工作台干净整洁 | 4 分 | | |
| 装配桌干净整洁 | 4 分 | | |
| 电脑桌干净整洁 | 4 分 | | |
| 设备检查认真细致 | 3 分 | | |
| 调试现象描述清楚、准确 | 3 分 | | |
| 接受检查时礼貌大方 | 10 分 | | |
| 上课时精力充沛，做任务积极主动 | 10 分 | | |
| 上课 7S 5min | 10 分 | | |
| 下课 7S 5min | 10 分 | | |
| 合计 | 100 分 | | |

# 任务5 六轴工业机器人调试

## 情景描述

指尖陀螺压装工艺中六轴工业机器人的主要任务是与 PLC 进行通信，在 PLC 控制指令下完成指尖陀螺装配及入库。

六轴工业机器人工作流程如图 6-5 所示。

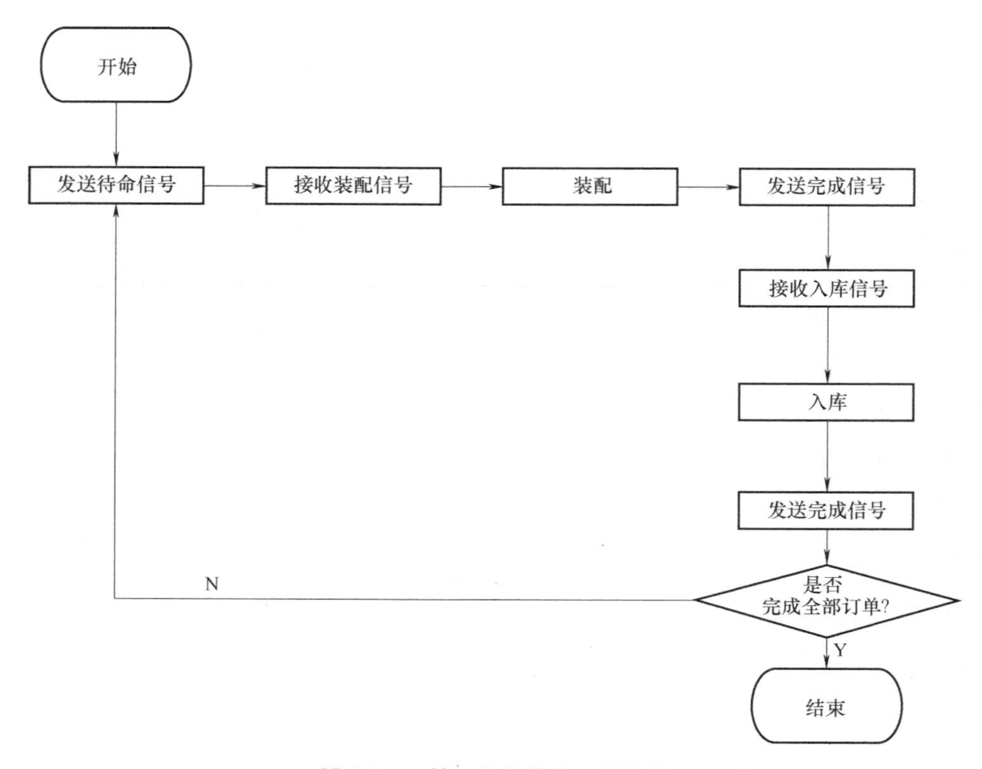


图 6-5 六轴工业机器人工作流程

## 任务目标

1. 能根据图 6-5 给六轴工业机器人的程序进行功能块分段标注。
2. 能根据项目任务流程描述不符合要求的现象及其对应程序中的原因。
3. 能根据任务要求正确修改程序使六轴工业机器人可以按要求完成搬运任务。

## 任务实施

1. 请说出在调试时六轴机器人出现了哪些搬运任务中的问题。

2. 请查看六轴工业机器人程序，确认上述问题出现的原因，并将原因写在下面。

3. 请更改你认为可以满足任务要求的程序部分并重新调试，查看调试结果是否满足要求。

## 评价改进

| 检查标准 | 分值 | 评价得分 | 整改得分 |
| --- | --- | --- | --- |
| 调试中小组分工协作 | 5 分 | | |
| 调试过程中问题确定正确 | 10 分 | | |
| 修改程序使六轴工业机器人抓取正确 | 15 分 | | |
| 模块摆放整齐，美观 | 6 分 | | |
| 模块标识清晰，美观 | 6 分 | | |
| 货架干净整洁 | 4 分 | | |
| 工作台干净整洁 | 4 分 | | |
| 装配桌干净整洁 | 4 分 | | |
| 电脑桌干净整洁 | 4 分 | | |
| 设备检查认真细致 | 3 分 | | |
| 调试现象描述清楚、准确 | 3 分 | | |
| 接受检查时礼貌大方 | 10 分 | | |
| 上课时精力充沛，做任务积极主动 | 10 分 | | |
| 上课 7S 5min | 10 分 | | |
| 下课 7S 5min | 10 分 | | |
| 合计 | 100 分 | | |

# 任务6 工作站优化

## 情景描述

在前面5个调试任务结束后我们完成了基于机器人自动上下料的指尖陀螺压装生产工作任务分部调试任务，现在请根据调试过程，以加快生产效率、任务流程更优化为目的，分析前面5个子任务中存在优化空间的部分，并提出优化策略。

## 任务目标

1. 能根据前述5个调试子任务分析存在优化空间的部分。
2. 能根据项目任务流程给出可优化的方案。

## 任务准备

1. 工作服、安全鞋和安全帽。
2. 内六角扳手、活扳手、金属直尺、螺钉旋具及其他工具。

## 任务实施

1. 请说出在前述调试过程中哪个部分存在可优化部分。

2. 请查看所有项目程序，给出某一部分的具体优化方案并实施。

## 评价改进

| 检查标准 | 分值 | 评价得分 | 整改得分 |
| --- | --- | --- | --- |
| 优化过程中小组成员积极参与 | 5 分 | | |
| 确定可优化范围 | 10 分 | | |
| 可给出优化方案 | 15 分 | | |
| 模块摆放整齐，美观 | 6 分 | | |
| 模块标识清晰，美观 | 6 分 | | |
| 货架干净整洁 | 4 分 | | |
| 工作台干净整洁 | 4 分 | | |
| 装配桌干净整洁 | 4 分 | | |
| 电脑桌干净整洁 | 4 分 | | |
| 设备检查认真细致 | 3 分 | | |
| 调试现象描述清楚、准确 | 3 分 | | |
| 接受检查时礼貌大方 | 10 分 | | |
| 上课时精力充沛，做任务积极主动 | 10 分 | | |
| 上课 7S 5min | 10 分 | | |
| 下课 7S 5min | 10 分 | | |
| 合计 | 100 分 | | |

# 项目 7

# 礼品自动包装工作站调试与优化

## 任务1 自动引导车调试

### 情景描述

自动引导车（AGV）在 PLC 的控制下负责将纪念币原料从 3 个原料存储工位运至 4#识别工位，运行期间其到位和现在的位置均需要发送至 PLC，PLC 对 AGV 小车的控制方式是按照从 1#工位、2#工位最后到 3#工位的顺序进行原料的运输。

整个原料搬运流程如图 7-1 所示。

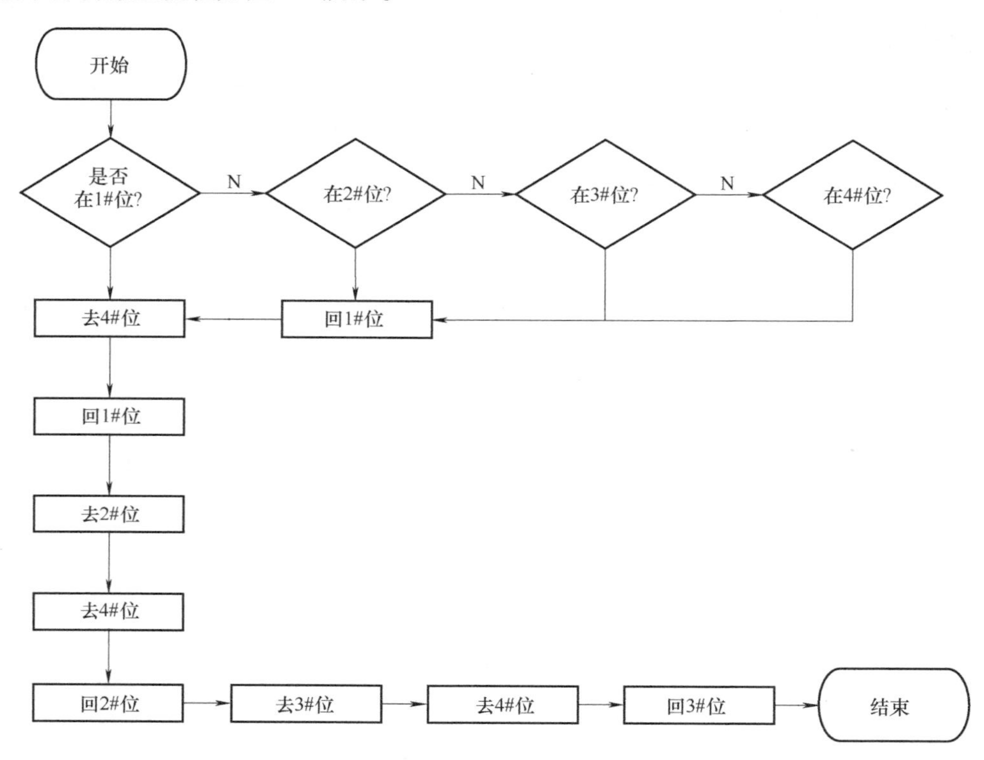


图 7-1 原料搬运流程

## 任务目标

1. 能根据情景描述查看对应的 PLC 控制程序。
2. 根据 AGV 小车的运行轨迹分析程序问题所在。
3. 能解决上述问题使 AGV 小车按照正常运料轨迹运行。
4. 能解决 AGV 小车调度的时刻及调度程序的调整。

## 任务实施

1. 请说出 AGV 小车的实际运动与要求的运料轨迹有哪些不相符的地方。

2. 请查看 PLC 的控制程序，确认上述问题出现的原因，并将原因写在下面。

3. 请更改你认为可以调整 AGV 小车至要求运料轨迹的程序位置并重新调试，查看调试结果是否满足要求。

4. 请确定 AGV 小车调度的时机及开始调度与完成调度时的状态。

## 评价改进

| 检查标准 | 分值 | 评价得分 | 整改得分 |
|---|---|---|---|
| 调试中小组分工协作 | 5 分 | | |
| 调试过程中问题确定正确 | 10 分 | | |
| 修正程序使 AGV 正确调度 | 15 分 | | |
| 模块摆放整齐，美观 | 6 分 | | |
| 模块标识清晰，美观 | 6 分 | | |
| 货架干净整洁 | 4 分 | | |
| 工作台干净整洁 | 4 分 | | |
| 装配桌干净整洁 | 4 分 | | |
| 电脑桌干净整洁 | 4 分 | | |
| 设备检查认真细致 | 3 分 | | |
| 调试现象描述清楚、准确 | 3 分 | | |
| 接受检查时礼貌大方 | 10 分 | | |
| 上课时精力充沛，做任务积极主动 | 10 分 | | |
| 上课 7S 5min | 10 分 | | |
| 下课 7S 5min | 10 分 | | |
| 合计 | 100 分 | | |

# 任务2　视觉相机调试

## 情景描述

视觉相机在 PLC 与四轴机器人的配合下负责将原料托盘上的原料进行分拣，通过识别分拣运算出需要抓取的物料，将物料位置信息发送至四轴机器人，由四轴机器人进行抓取。期间其开始拍照识别与拍照识别物料类型由四轴机器人发送信号至相机视觉。

整个拍照识别流程如图 7-2 所示。

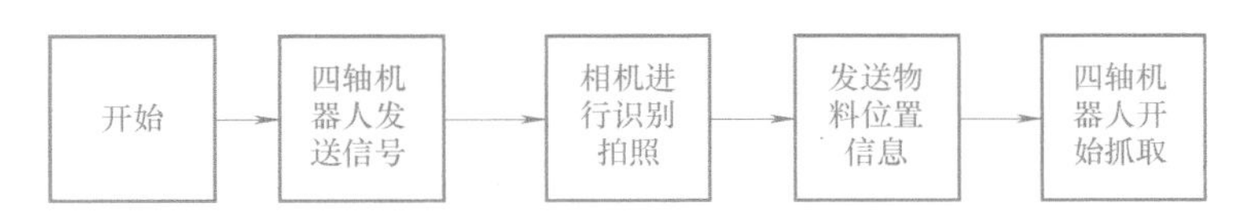


图 7-2　拍照识别流程

## 任务目标

1. 能根据情景描述查看对应的四轴机器人控制程序。
2. 根据相机视觉识别的匹配度分析程序问题所在。
3. 能解决上述问题使相机视觉准确发送位置信号。
4. 能解决相机视觉程序匹配点的调整。

## 任务准备

知识准备：观看图 7-3 和图 7-4 所示图片并想一想。

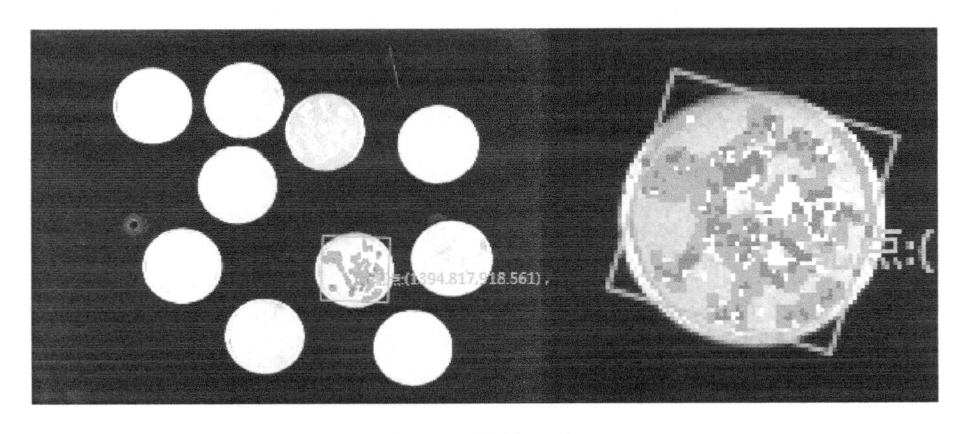


图 7-3　图片（1）

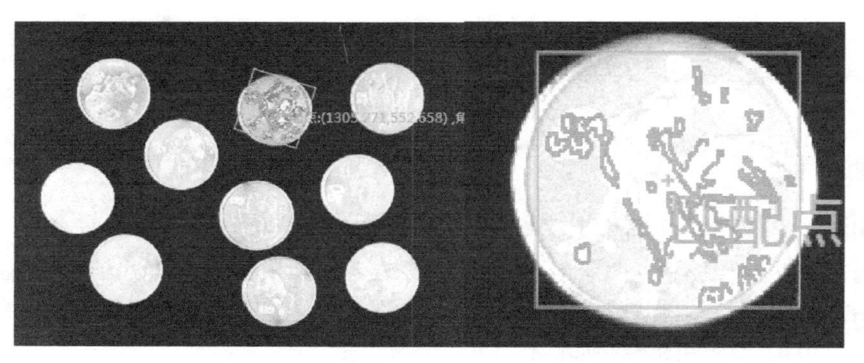


图 7-4　图片（2）

## 任务实施

1. 请说出相机视觉实际发送信号与要求的发送信号有哪些不相符的地方。

2. 请查看相机视觉程序，确认上述问题出现的原因，并将原因写在下面。

3. 请更改你认为可以调整相机视觉按要求发送匹配点位置的程序并重新调试，查看调试结果是否满足要求。

4. 请确定相机视觉开始运行时所等待的信号格式。

## 评价改进

| 检查标准 | 分值 | 评价得分 | 整改得分 |
|---|---|---|---|
| 调试中小组分工协作 | 5 分 | | |
| 调试过程中问题确定正确 | 10 分 | | |
| 修正程序使相机视觉完成拍照 | 15 分 | | |
| 模块摆放整齐，美观 | 6 分 | | |
| 模块标识清晰，美观 | 6 分 | | |
| 货架干净整洁 | 4 分 | | |
| 工作台干净整洁 | 4 分 | | |
| 装配桌干净整洁 | 4 分 | | |
| 电脑桌干净整洁 | 4 分 | | |
| 设备检查认真细致 | 3 分 | | |
| 调试现象描述清楚、准确 | 3 分 | | |
| 接受检查时礼貌大方 | 10 分 | | |
| 上课时精力充沛，做任务积极主动 | 10 分 | | |
| 上课 7S 5min | 10 分 | | |
| 下课 7S 5min | 10 分 | | |
| 合计 | 100 分 | | |

# 任务 3 四轴机器人调试

## 情景描述

四轴机器人在 PLC 与相机视觉的配合下负责将纪念币原料从 4#原料托盘工位运至装配转盘工位，期间其放到位和位置均需要发送信号至 PLC，由 PLC 处理信号。

整个纪念币原料搬运流程如图 7-5 所示。

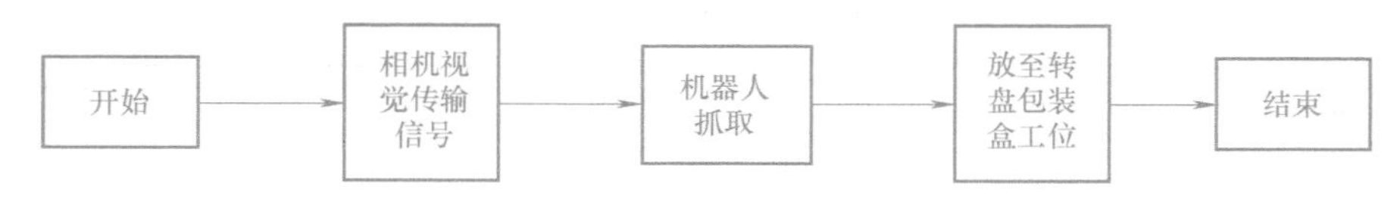


图 7-5 纪念币原料搬运流程

## 任务目标

1. 能根据情景描述查看对应的 PLC 控制程序。
2. 根据四轴机器人的运行轨迹分析程序问题所在。
3. 能解决上述问题使四轴机器人按照正常运料轨迹运行。
4. 能解决四轴机器人程序点位的调整。

## 任务实施

1. 请说出四轴机器人拱形运动指令实际运动轨迹与要求的运行轨迹有哪些不相符的地方。

2. 请查看四轴机器人程序，确认上述问题出现的原因，并将原因写在下面。

3. 请更改你认为可以调整四轴机器人至要求运料轨迹的程序位置并重新调试，查看调试结果是否满足要求。

4. 请确定四轴机器人开始运行时的时机与完成工作时的状态。

## 评价改进

| 检查标准 | 分值 | 评价得分 | 整改得分 |
|---|---|---|---|
| 调试中小组分工协作 | 5 分 | | |
| 调试过程中问题确定正确 | 10 分 | | |
| 修正程序使四轴机器人完成抓取 | 15 分 | | |
| 模块摆放整齐，美观 | 6 分 | | |
| 模块标识清晰，美观 | 6 分 | | |
| 货架干净整洁 | 4 分 | | |
| 工作台干净整洁 | 4 分 | | |
| 装配桌干净整洁 | 4 分 | | |
| 电脑桌干净整洁 | 4 分 | | |
| 设备检查认真细致 | 3 分 | | |
| 调试现象描述清楚、准确 | 3 分 | | |
| 接受检查时礼貌大方 | 10 分 | | |
| 上课时精力充沛，做任务积极主动 | 10 分 | | |
| 上课 7S 5min | 10 分 | | |
| 下课 7S 5min | 10 分 | | |
| 合计 | 100 分 | | |

# 任务 4 转盘调试

## 情景描述

装配转盘在 PLC 与四轴机器人和六轴机器人的配合下负责将纪念币原料盒仓从六轴工业机器人工位运至四轴工业机器人工位，由四轴工业机器人完成装配以后再运转至六轴机器人工位，期间其运转到位和开始运转均需要发送信号至 PLC 或者通过 PLC 发送开始运转指令，由 PLC 处理信号。

整个纪念币原料仓搬运流程如图 7-6 所示。

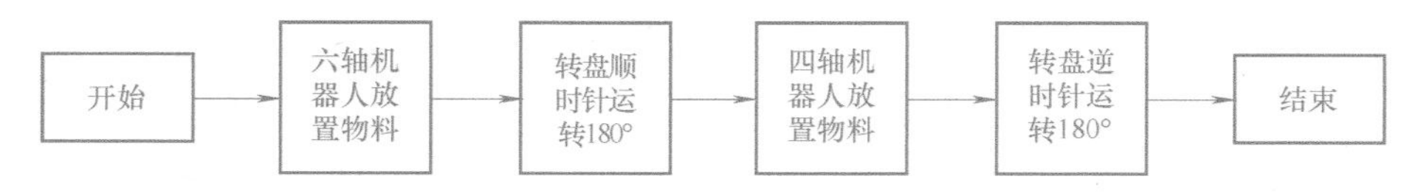


图 7-6 纪念币原料仓搬运流程

转盘如此反复工作直至完成任务。

## 任务目标

1. 能根据情景描述查看对应的 PLC 控制程序。
2. 根据装配转盘运行轨迹分析程序问题所在。
3. 能解决上述问题使装配转盘按照正常运料轨迹运行。
4. 能解决装配转盘程序运转度数的调整。

## 任务实施

1. 请说出装配转盘理论运动与实际运动要求有哪些不相符的地方。是否会出现反复运行不停止现象？是否会出现角度不准确现象？

2. 请查看 PLC 程序，确认上述问题出现的原因，并将原因写在下面。

3. 请更改你认为可以调整装配转盘至要求运料的程序并重新调试，查看调试结果是否满足要求。

4. 请确定装配转盘开始运行时的时机与运转时运转方向的状态。

## 评价改进

| 检查标准 | 分值 | 评价得分 | 整改得分 |
|---|---|---|---|
| 调试中小组分工协作 | 5 分 | | |
| 调试过程中问题确定正确 | 10 分 | | |
| 修正程序使装配转盘完成运转 | 15 分 | | |
| 模块摆放整齐，美观 | 4 分 | | |
| 模块标识清晰，美观 | 4 分 | | |
| 货架干净整洁 | 4 分 | | |
| 工作台干净整洁 | 4 分 | | |
| 装配桌干净整洁 | 4 分 | | |
| 电脑桌干净整洁 | 4 分 | | |
| 设备检查认真细致 | 3 分 | | |
| 调试现象描述清楚、准确 | 3 分 | | |
| 接受检查时礼貌大方 | 10 分 | | |
| 上课时精力充沛，做任务积极主动 | 10 分 | | |
| 上课 7S 5min | 10 分 | | |
| 下课 7S 5min | 10 分 | | |
| 合计 | 100 分 | | |

# 任务5 六轴机器人调试

## 情景描述

六轴机器人在 PLC 的配合下负责将包装盒原料从包装盒料仓工位运至装配转盘工位，然后将包装盒盖取下暂时放置成品库，等待物料装配完成后取回包装盒盖进行包装，然后抓至成品区，期间其放到位和位置均需要发送信号至 PLC，由 PLC 处理信号。

整个礼品盒搬运流程如图 7-7 所示。

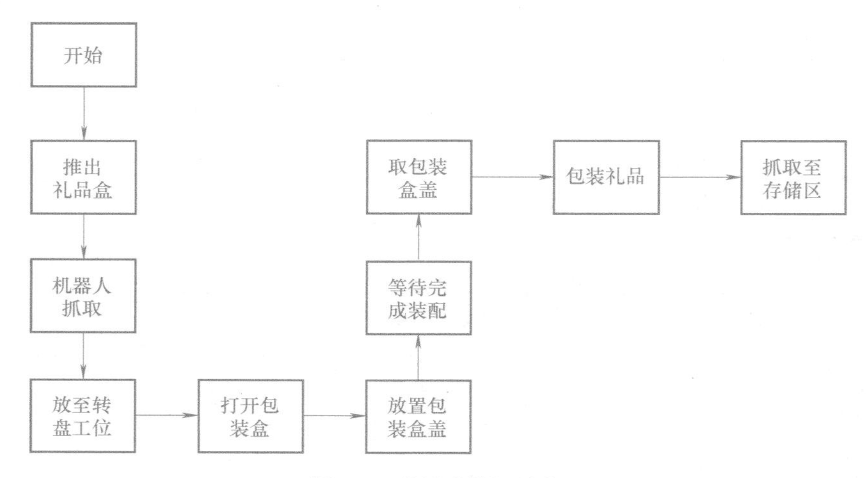


图 7-7　礼品盒搬运流程

## 任务目标

1. 能根据情景描述查看对应的 PLC 控制程序。
2. 根据六轴机器人的运行轨迹分析程序问题所在。
3. 能解决上述问题使六轴机器人按照正常运料轨迹运行。
4. 能解决六轴机器人程序点位的调整。

## 任务实施

1. 请说出六轴机器人实际运动与要求的运行轨迹有哪些不相符的地方。

2. 请查看六轴机器人程序，确认上述问题出现的原因，并将原因写在下面。

3. 请更改你认为可以调整六轴机器人至要求运料轨迹的程序位置并重新调试，查看调试结果是否满足要求。

4. 请确定六轴机器人开始运行时的时机及六轴完成工作时的状态。

## 评价改进

| 检查标准 | 分值 | 评价得分 | 整改得分 |
|---|---|---|---|
| 调试中小组分工协作 | 5 分 | | |
| 调试过程中问题确定正确 | 10 分 | | |
| 修正程序使六轴机器人完成抓取 | 15 分 | | |
| 模块摆放整齐，美观 | 6 分 | | |
| 模块标识清晰，美观 | 6 分 | | |
| 货架干净整洁 | 4 分 | | |
| 工作台干净整洁 | 4 分 | | |
| 装配桌干净整洁 | 4 分 | | |
| 电脑桌干净整洁 | 4 分 | | |
| 设备检查认真细致 | 3 分 | | |
| 调试现象描述清楚、准确 | 3 分 | | |
| 接受检查时礼貌大方 | 10 分 | | |
| 上课时精力充沛，做任务积极主动 | 10 分 | | |
| 上课 7S 5min | 10 分 | | |
| 下课 7S 5min | 10 分 | | |
| 合计 | 100 分 | | |

# 任务 6 工作站优化

## 情景描述

设备复位后 AGV 小车回原点位置，起动前在触摸屏选择所需要的礼品图案，起动设备，纪念币包装盒供料库动作，推出包装盒，六轴工业机器人拾取包装盒，放置到转盘槽位，吸盘继续提供真空压力，吸盘带动盒盖水平移动，提起盒盖，完成包装盒底、盖分离动作，转盘机构带动包装盒底旋转 180°，准备接收来自四轴机器人的纪念币。

同时 AGV 小车从原料库 ABC 区任意一区中把礼品原料托盘托起，并运送到缓存区托架；视觉模块从礼品原料托盘中识别出所需要的礼品图案及位置，四轴工业机器人从中抓取符合要求的礼品，放置到包装盒中。如缓存区原料托盘无符合指定图案的纪念币，则 AGV 小车再次起动，将挑选完成的原料托盘送回至原料库 ABC 区相对应位置，并托起下一区域位置的原料托盘送至缓存区托架，直至有符合要求的纪念币，转盘再次旋转 180°，到达六轴机器人工作位；六轴机器人完成放盖动作，然后吸盘吸取整个包装盒，放到成品库，完成装配。

## 任务目标

1. 能根据情景描述查看所有机器人及 PLC 控制程序。

2. 根据机器人以及装配转盘和 AGV 小车分析程序。

3. 能解决所有程序问题并做出相应的调整。

4. 能优化程序使得流程运转流畅、速度更快。

整个机器人全自动礼品包装工作站运转流程如图 7-8 所示。

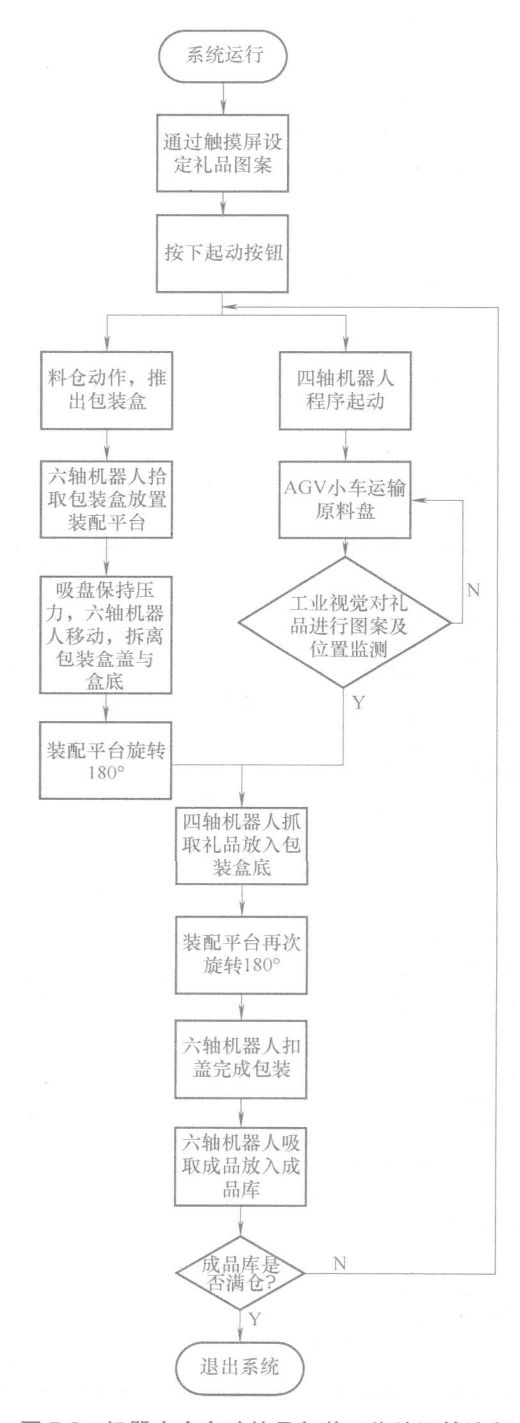


图 7-8 机器人全自动礼品包装工作站运转流程

## 任务实施

1. 请根据实际运转流程写出所有手动操作内容。

2. 请查看所有程序，读懂每一条程序并对应至实际运行动作。

3. 请更改你认为可以更快完成工作流程的程序重新调试，查看调试结果是否发生优化。

4. 请确定优化完的程序与原始程序之间的区别，并写出优化完成后都是哪些流程发生了改变。

## 评价改进

| 检查标准 | 分值 | 评价得分 | 整改得分 |
| --- | --- | --- | --- |
| 调试中小组分工协作 | 5 分 | | |
| 调试过程中问题确定正确 | 10 分 | | |
| 完成流程优化更改 | 15 分 | | |
| 模块摆放整齐，美观 | 6 分 | | |
| 模块标识清晰，美观 | 6 分 | | |
| 货架干净整洁 | 4 分 | | |
| 工作台干净整洁 | 4 分 | | |
| 装配桌干净整洁 | 4 分 | | |
| 电脑桌干净整洁 | 4 分 | | |
| 设备检查认真细致 | 3 分 | | |
| 调试现象描述清楚、准确 | 3 分 | | |
| 接受检查时礼貌大方 | 10 分 | | |
| 上课时精力充沛，做任务积极主动 | 10 分 | | |
| 上课 7S 5min | 10 分 | | |
| 下课 7S 5min | 10 分 | | |
| 合计 | 100 分 | | |

# 项目 8

# 工件打磨抛光工作站调试与优化

## 任务 1　自动引导车调试

### 情景描述

工业机器人打磨工作站需要一台自动引导车（AGV）将原料托架区的打磨工件搬运至原料分拣区，其中系统启动以后，自动引导车从 1#原料托架区将原料托盘顶起，搬运至原料分拣区。如果有满足订单要求的打磨件，四轴分拣机器人开始分拣，如果没有满足订单要求的打磨件，AGV 将 1#原料托架搬运回原料托架区，并运行至下一工位继续搬运，依此循环直至四轴分拣机器人完成分拣任务。

### 任务目标

1. 了解 AGV 小车在工业机器人打磨工作站中的运行逻辑。
2. 掌握 AGV 小车在工业机器人打磨工作站中的控制方法。

### 任务实施

1. 请完成 PLC 串口数据的设置：端口号、波特率、数据位、校验位、停止位，如图 8-1 所示。

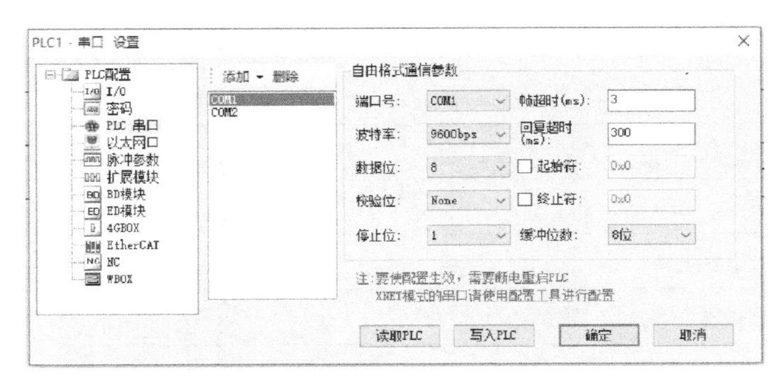


图 8-1　PLC 串口数据的设置

2. 请完成自由格式通信的设置：发送、接收、首地址、端口号、软元件、长度，如图 8-2 所示。

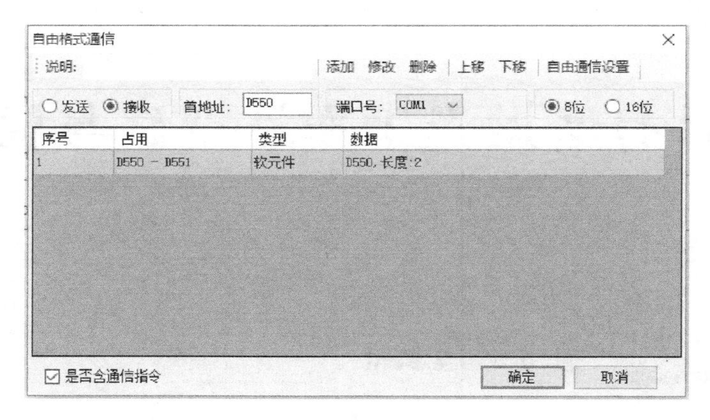


图 8-2 自由格式通信的设置

3. 完成以下地址的定义，见表 8-1。

表 8-1 相关地址的功能

| 地址 | 功能 |
|---|---|
| D500 | |
| D501 | |
| D551 | |

4. 完成 PLC 自由格式通信程序的编写。

5. 完成 AGV 小车手动 PLC 控制程序的编写，要求可以单独控制 AGV 小车到达 1#、2#、3#、4#等位置。

6. 完成 AGV 小车自动 PLC 调度程序的编写，要求 AGV 小车首先运送 1#托盘到 4#位置，视觉检测不到物料时运回 1#托盘，并转运 2#托盘，依此类推完成所有托盘循环检测。

## 评价改进

| 检查标准 | 分值 | 评价得分 | 整改得分 |
|---|---|---|---|
| PLC 串口数据设置正确 | 5 分 | | |
| PLC 自由格式通信参数设置正确 | 5 分 | | |
| 发送、接收寄存器功能描述正确 | 5 分 | | |
| PLC 与 AGV 小车通信成功 | 5 分 | | |
| 实现 AGV 小车的手动控制 | 10 分 | | |

（续）

| 检查标准 | 分值 | 评价得分 | 整改得分 |
|---|---|---|---|
| 实现 AGV 小车由 2#自动搬运至 4# | 10 分 | | |
| 实现 AGV 小车由 4#自动搬运至 2# | 10 分 | | |
| 实现 AGV 小车自动控制 | 20 分 | | |
| 接受检查时礼貌大方 | 10 分 | | |
| 上课时精力充沛，做任务积极主动 | 10 分 | | |
| 上课 7S 5min | 10 分 | | |
| 下课 7S 5min | 10 分 | | |
| 合计 | 100 分 | | |

## 任务2 视觉相机调试

### 情景描述

工业机器人打磨工作站需要一台相机自动识别泵盖形状及位置，并将物料块的位置信息发送至四轴机器人，请根据任务目标完成相机的调试工作。

### 任务目标

1. 了解相机焦距、光圈的调整方法。
2. 掌握 VisionMaster 视觉工具的选用及设置。
3. 掌握 VisionMaster 视觉工具识别泵盖的流程编写。

### 任务实施

1. 请完成相机焦距、光圈的调整。
2. 请完成 VisionMaster 视觉工具参数设置：通信 IP、曝光率、触发源、增益、执行模式等。
3. 请完成 VisionMaster 视觉工具的通信参数设置，如图 8-3 所示。

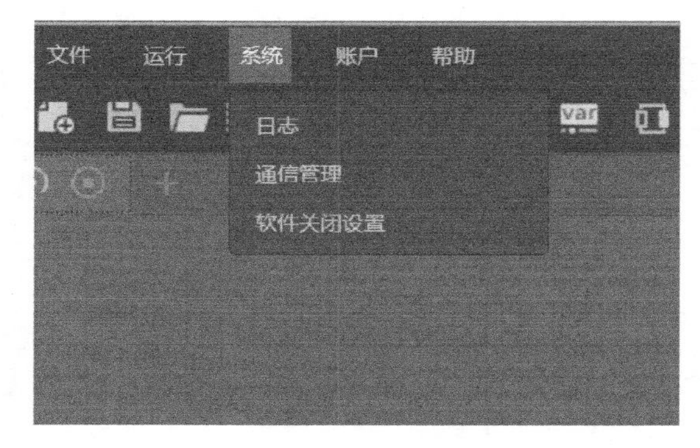


图 8-3 通信参数设置

4. 请完成 VisionMaster 视觉工具的识别泵盖流程。

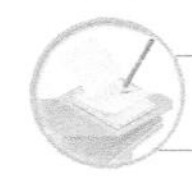

### 评价改进

| 检查标准 | 分值 | 评价得分 | 整改得分 |
| --- | --- | --- | --- |
| 调整相机获取清晰的泵盖轮廓 | 5 分 | | |
| VisionMasterIP 参数设置正确 | 5 分 | | |

（续）

| 检查标准 | 分值 | 评价得分 | 整改得分 |
|---|---|---|---|
| VisionMaster 曝光率参数设置正确 | 5 分 | | |
| VisionMaster 触发源参数设置正确 | 5 分 | | |
| 图像采集工具选择正确 | 10 分 | | |
| 定位工具选择正确 | 10 分 | | |
| 定位工具创建模板正确 | 10 分 | | |
| 标定工具及标定文件正确 | 10 分 | | |
| 逻辑工具选择正确 | 10 分 | | |
| VisionMaster 识别泵盖流程正确 | 10 分 | | |
| 上课 7S 5min | 10 分 | | |
| 下课 7S 5min | 10 分 | | |
| 合计 | 100 分 | | |

## 任务3 四轴机器人调试

### 情景描述

工业机器人打磨工作站需要一台四轴机器人将泵盖搬运至打磨台，并将打磨好的泵盖入库，请根据要求编写四轴机器人控制程序。

### 任务目标

1. 掌握四轴机器人通过工业相机引导抓取任意位置的泵盖程序。
2. 掌握四轴机器人为打磨、抛光台供料、下料程序。

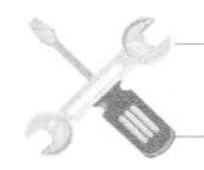

### 任务实施

1. 请编写四轴机器人程序，自动将泵盖从4#料库搬运到打磨台。

2. 请应用四轴机器人将打磨完成的泵盖搬入物料盘。

### 评价改进

| 检查标准 | 分值 | 评价得分 | 整改得分 |
|---|---|---|---|
| 四轴机器人视觉配置 | 10分 | | |
| 四轴机器人抓取4#位置泵盖 | 20分 | | |
| 四轴机器人放置打磨台位置泵盖 | 10分 | | |
| 四轴机器人控制打磨台气缸闭合 | 10分 | | |
| 四轴机器人抓取打磨台位置泵盖 | 10分 | | |
| 四轴机器人放置料仓位置泵盖 | 20分 | | |
| 上课7S 5min | 10分 | | |
| 下课7S 5min | 10分 | | |
| 合计 | 100分 | | |

## 任务4　六轴机器人调试

### 情景描述

工业机器人打磨工作站需要一台六轴机器人完成泵盖的打磨、抛光，请根据泵盖形状利用仿真软件生成仿真轨迹，并完成泵盖的打磨抛光。

### 任务目标

1. 掌握气动抛光机及电动打磨机的电路、气路安装。
2. 掌握 ER_Factory 仿真软件生成离线轨迹的方法。
3. 掌握六轴机器人跨文件调用程序的方法。

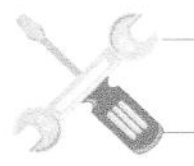

### 任务实施

1. 请按照工作站电气原理图完成电路及气路的安装。
2. 请应用 ER_Factory 仿真软件完成离线轨迹的编写。
3. 请应用六轴机器人完成泵盖的打磨、抛光。

### 评价改进

| 检查标准 | 分值 | 评价得分 | 整改得分 |
|---|---|---|---|
| 气路连接正确、管路工艺规范 | 10 分 | | |
| 电路连接正确、布线工艺规范 | 10 分 | | |
| ER_Factory 仿真轨迹正确 | 20 分 | | |
| 六轴机器人标定工具坐标系正确 | 10 分 | | |
| 六轴机器人可以完成跨文件调用 | 10 分 | | |
| 六轴机器人可以完成泵盖的打磨 | 10 分 | | |
| 六轴机器人可以完成泵盖的抛光 | 10 分 | | |
| 上课 7S 5min | 10 分 | | |
| 下课 7S 5min | 10 分 | | |
| 合计 | 100 分 | | |